U0177617

# 加密艺术

## 区块链技术赋能艺术创新

杨嘎／编著

# Crypto Art

Blockchain Technology Empowers Artistic Innovation

光明日报出版社

图书在版编目（CIP）数据

加密艺术：区块链技术赋能艺术创新 / 杨嘎编著
. -- 北京：光明日报出版社，2021.12
　ISBN 978-7-5194-6260-4

　Ⅰ.①加… Ⅱ.①杨… Ⅲ.①区块链技术②加密技术
Ⅳ.①TP311.135.9②TN918.4

中国版本图书馆CIP数据核字(2021)第252844号

# 加密艺术——区块链技术赋能艺术创新
JIAMI YISHU —— QUKUAILIAN JISHU FUNENG YISHU CHUANGXIN

| | | | | |
|---|---|---|---|---|
| 编　著：杨　嘎 | | | | |
| 责任编辑：宋　悦 | | 策　划：迟静超　杨　帝 | | |
| 封面设计：谭　锴 | | 责任校对：陈　磊 | | |
| 统　筹：王彦硕　杨　帝　柴　卉 | | 责任印制：曹　净 | | |

出版发行：光明日报出版社
地　　址：北京市西城区永安路106号，100050
电　　话：010-63169890（咨询），010-63131930（邮购）
传　　真：010-63131930
网　　址：http://book.gmw.cn
E - mail：gmrbcbs@gmw.cn
法律顾问：北京市兰台律师事务所龚柳方律师

印　　刷：三河市华东印刷有限公司
装　　订：三河市华东印刷有限公司
本书如有破损、缺页、装订错误，请与本社联系调换，电话：010-63131930

| | | |
|---|---|---|
| 开　本：140mm×210mm | 印　张：8 | |
| 字　数：160千字 | 插　图：31幅 | |
| 版　次：2021年12月第1版 | | |
| 印　次：2021年12月第1次印刷 | | |
| 书　号：ISBN 978-7-5194-6260-4 | | |
| 定　价：66.00元 | | |

如果把时针拨回到 2021 年以前，"加密艺术"对大部分人来说可能还是陌生的字眼。

2020 年 9 月，数字肖像作品"Block 21"在纽约佳士得拍卖行以超过 13 万美元的价格成交。这是艺术家本·根蒂利（Ben Gentilli）基于比特币原始代码创作的"Portraits of a Mind"系列作品中的第 21 幅。共 40 幅的作品包含了比特币部分原始代币，当所有代码会聚，作品的全貌——比特币匿名创始人中本聪（Satoshi Nakamoto）的肖像，即完整呈现。而"Block 21"的特殊性还在于，它有一个关联的 NFT，将真实的艺术世界与数字世界连接在一起，开创了艺术与区块链亲密碰撞的先河，此次拍卖也被视为加密艺术品在公众视野中的首次亮相。

到了 2021 年，随着 Beeple 的作品、Cryptopunks 等加密艺术品将加密艺术市场推向了白热化，人们渐渐开始关注"艺术圈"与"区块链"交汇的事实，加密艺术成为艺术界无法回避的一个名词。在此之前，还没有人把加密艺术作为对象进行系统性的理论研究。这个领域充斥着各种各样的声音，不乏赤裸裸的偏见。有的认为加密艺术是数字艺术的升级换代，有的将 NFT 混同为加密艺术，有的认为这又是一场资本的狂欢、市场的泡沫，等等。因此，我们认为有必要对当下加密艺术的一些共识、概念、问题进行梳理和厘清，帮助大家客观全面地认识加密艺术究竟是怎么一回事，它的基础扎根在哪里，其与包括数字艺术在内的传统艺术有何不同，并一起探讨加密艺术何去何从。

我们会从不同的角度出发，去拨开加密艺术的迷雾。比如，乍一看，许多人会将加密艺术与数字艺术混为一谈。的确，数字艺术从 20 世纪五六十年代启蒙，到 70 年代探索，80 年代兴起，90 年代兴盛，经历了计算机图形处理到软件生成的漫长过程，伴随着计算机技术、互联网技术的发展，数字艺术已经浸入动画、游戏、电影等多个领域，形成了独特的自身发展规律，具备了成熟的面貌，带动了多个产业的发展，在人们心中留下了根深蒂固的印象。我们应该都看过 20 世纪 90 年代美国学者尼葛洛庞帝（Negroponte）所写的风靡一时的畅销书——《数字化生存》。该书对数字艺术做出的判断是"我们已经进入了一个更生动和更具参与性的艺术表现的新时代"。虽然数字艺术在表现形式上与加密艺术有一定的相似性，但是从基因上讲，加密艺术脱胎于区块链世界，与数字艺术完全不同。而且时过境迁，谁都不会想到加密艺术如今在生动性和参与性上已然将数字艺术远远甩在身后。

如果说数字艺术的意义在于得益计算机技术的发展，艺术作品变得更加程式化、形式化，艺术脱去了神秘的外衣，与大众媒体以及人们的生活联系得更加紧密，那么从划时代的意义上讲，加密艺术则站在了与数字艺术并肩甚至超越的位置。因为加密艺术带来的不仅是艺术创作观念上的革故，艺术形式上的鼎新，其影响力辐射的也不再仅限于艺术界，而是面朝数字世界里包含经济秩序、治理秩序、信用体系等在内更加广阔的疆土。

当"Block 21"第一次以加密艺术品进入我们视野的时候，比特币、数字、区块链、加密、NFT、艺术……这些名词在同一个场域相逢，并碰撞出激动人心的火花。但是它们究竟是怎样的一种历史与现实的联系？区块链的发展如何促使艺术创作观念、方式发生转变？加密艺术对与其相关的商业模式能够产生哪些方面的触动？新兴的加密艺术在理论与实践上有何突破？未来加密艺术能够延展到何方？我想，这都是许多"圈外"的读者好奇和关心的问题。我们不求以一种"上帝视角"做加密艺术的布道者，只是希望能够环顾区块链与艺术加速融合的当下，通过探讨共识、抛出观点、解析案例，和大家共同走近加密艺术，厘清加密艺术与传统数字艺术的关系，廓清对于加密艺术的一些偏见和误解，梳理加密艺术的发展逻辑与基础，展望加密艺术未来发展的图景，增进我们对这个全新领域的认知。

首先是在形势上。2021年加密朋克等"头部"加密艺术品在艺术品拍卖市场的光速蹿红拉开了加密艺术繁荣的大幕。同步发生的是传统艺术交易模式被打破，新的虚拟世界的交易秩序正在逐步成形，艺术家、藏家、艺术行业从业者，包括资本在内多个主体环伺市场。虽然有一种声音认为"（区块链与艺术）跨圈融合虽建立了大众与艺术品之间低成本的认知链接，但流量的定存必定造成艺术价值的稀释"。不可否认的是，加密艺术的潮流已经势不可当。截至2021年第三季度，TOP100的NFT藏品市值已经突破14亿美元。有人把区块链称为第四代工业革命的动力之源，每一个对新技术迭代嗅觉灵敏的人都会很快意识到加密技术将改变世界的面貌。艺术不应当也不会缺席，艺术界已经感受到呼啸而来的潮流。

其次是在概念诠释上。虽然加密艺术比以往任何艺术形式都能够让大众有更加深入的参与感，但并非完全没有门槛。想要对加密艺术进行全景式的透视，则无法绕过对区块链技术层面的认识。但是我们不想把这本书编写成区块链辞海，或者是让人晦涩难懂难以下咽的技术"教科书"。我们力图通过对区块链这些技术概念进行再理解再吸收，并结合实例，让大家对比特币、以太坊、代币、ERC721协议等区块链技术领域的专业名词有一个基本的认识。技术维度的认知有助于大家在了解加密艺术时拥有一个更加专业的视角。比如，你可能不太能理解ERC721协议是由什么函数组成的，包含了哪些参数，但是至少你在简单了解相关的概念后，知道它如何催生了NFT、明白其在加密艺术发展过程中扮演了怎样"关键先生"的角色。当你今后有兴趣在加密艺术领域深入向下挖掘的时候，这些技术知识储备将会大有用武之地。

此外，考虑到加密艺术是个庞大的领域，艺术作品虽是主角，但是配角和搭台的力量不可小觑。传统的艺术品交易市场围绕作品的有策展人、画廊、拍卖行等不同的主体。虽然加密艺术是去中心化的，但是围绕加密艺术也有相应的服务主体与商业模式。为了展现加密艺术市场的全貌，我们引用了大量的案例，比如，2021年稳坐加密艺术品买卖头把交椅的加密朋克，目前市值最大的NFT交易平台Opensea，以及由加密艺术品衍生的金融服务、相关产业及商业模式，等等。通过这些生动的案例，我们能够一窥这个领域的运转机制，同时进一步认识到加密艺术的创新力所在，领略其如何带动这个庞大的市场欣欣向荣。

就像早期互联网崛起的时代一样，人们相信一个或几个庞大的互联网实体能够开创全新的互联网文明，带领整个行业蓬勃向前发展。区块链技术走到今天，人们看到区块链在艺术领域施展的巨大力量，也持有同样的好奇和疑问——围绕加密艺术的产业格局中，是否会出现当下的某些个互联网巨头一样的实体引领这个行业发展。特别值得注意的是，许多人已经寄望于元宇宙成为加密艺术下一个攻城略地的领域，暗自揣测似乎会冒出来一个或者两个元宇宙巨头指点加密江湖。那么是时候摆脱这种陈旧的思维定式了。与传统的中心化玩法不同的是，在加密艺术的领域，每个人都可以成为活跃的参与者，由少数主体主宰的巨头式发展逻辑将一去不复返。元宇宙的世界将会变得更加扁平，更加开放，更加公平，更加富有活力。曾经一度被排除在互联网少数派之外的群体，将有机会在新的文明秩序中找到属于自己的存在。

我们编写此书一个朴素的初衷就是，在加密艺术喧嚣与繁华的背后，试图找到一条相对清晰的藤蔓，沿着这条藤蔓，不仅可以寻找到加密艺术来时的路，还能摸索到已经挂蔓的果实，并且继续探寻延展的方向。借由此书，我们不仅希望区块链领域的专业人士能够认识到区块链技术在艺术领域应用的深厚基础与广阔前景，还期待深耕于艺术领域的创作者、参与者，或者仅仅是对艺术怀抱兴趣的爱好者，能够意识到在区块链驱动的新一轮技术革命形势下，艺术之帆将要驶向一片更加广阔的蓝海。

不要忘了，互联网的发展对艺术的影响力更多体现在促进艺术进入了新的语境，艺术的内涵、物理形态与视觉样式并没有发生根本性的革新。但是，区块链滋养下的加密艺术中，艺术品与艺术品之间，艺术品与大众之间，艺术品与艺术世界之间将会重构关系，艺术创作观念与表现形式将会迎来更迭式的变化，我们对艺术的感受方式和态度将会发生质的转变。不出意外，新的艺术范式正在逼近的路上。这将有可能开启艺术发展的下一个纪元。

翻开此书，让我们一起来做新纪元的见证者、亲历者和参与者。

# 提要

　　潜移默化中，信息数字化已经改变了我们整个社会、经济和艺术景观，每一次技术更迭都带来新的分化和重装。2021 年，加密艺术主导了艺术界的辩题，不光吸引了从事生成艺术、数字插图、故障 /Gif 艺术、视频拼贴、人工智能艺术以及在 VR 中制作艺术作品的人们，很多传统艺术家也开始自学并意识到它的潜力。事实上，从 2014 年第一件已知的 NFT 艺术作品问世，至 2018 年加密艺术成为巴塞尔艺术展的一个话题，再至 2021 年年初 CHRISTIE'S（佳士得）拍卖数字艺术家 Beeple 的 NFT 作品，有足够多的艺术家在思考它。我们势必将这种新艺术与过去在物理艺术中发生的其他演变进行比较，却不能定义它。仅仅以储存和交换来讨论加密艺术是单调的，如果把交换行为和交换对象融为一体，会让人误以为 NFT 本身是一种艺术媒介。同以往的艺术判断一样，技术价值不是重要的，最具价值和魅力的仍然是表达和创造力。

艺术家实践区块链的意义在于，首先用艺术语言将复杂的技术问题转化成非技术公众可以理解的感知形象，帮助我们理解周围的世界。其次最重要的因素，艺术家被允许，甚至被鼓励，以意想不到的方式质疑、挑战和面对新的想法，艺术家与加密社区进行对话或质疑区块链系统的公认"真相"，可以帮助人们批判性地评估区块链及其承诺。

　　本书以时间为线索，系统地梳理了加密艺术的相关信息，包括它们的工作方法及发生机制，试图从表现形式和思想动机去剖析加密艺术的源起、加密艺术的创作、对传统艺术的冲击与影响以及加密艺术未来将会如何发展。

# 引言

　　技术的发展，令我们基本上可以在虚拟世界里再造一个由现实元素构成的世界。艺术作品曾经是物质和意义的组合，但现在这些都改变了。当艺术作品开始具有行为意识，当艺术作品开始及时进化，当艺术作品开始对环境产生感知，当艺术作品开始拥有自己的生命，艺术家的使命不再是做最好的构图，而是开始研究内容和元素的最佳组合。

　　自从计算机和通信基础设施存在以来，艺术家就一直在使用它们。他们有意识地与他们的平台或作品建立特定的社会关系。当艺术家接触新技术时，会发生很多事情："通过建立既不一定是功利的也不一定有利可图的联系，他们探索了人类多样化兴趣和体验的潜力，发现其工具、设备、系统和文化的表达和交流潜力，使困难的概念更容易理解、易读和引人入胜。他们有一套方法和过程，用于揭示主题、媒体或技术的使用可供性。对于不了解的事物，就是与它的可能性合作，具体化它的样子，让其他人用自己的不同部分来接近和感知它。"[1]

1  Ruth Catlow,Marc Garrett,Sam Skinner,Nathan Jones.Artists Re:Thinking the Blockchain[M].University of Liverpool Press.2018-03-01.P22.

# 目 录

## 第一章·加密艺术发展历程

第二章·走近加密艺术

第三章 · 加密艺术产业

# 第四章·加密艺术发展趋势

第一章

加密艺术发展历程

纵观整个艺术史的发展，我们会发现不断有外来因素对它产生冲击，进而改变它的秩序，令其一步一步地向前发展。促进艺术发展的因素有很多，宗教、哲学、政治、地理、文化，但是有一样东西是很重要的，也是常常被我们忽略掉的，就是技术对于艺术史的影响。艺术总是与科技交互发展，艺术创作的变化总是由技术引发的，一次科技的重大变迁，将会引发艺术观念与方法的变革。

　　论及2021年以来对全球影响最为深远的艺术革命，大概就是区块链和加密艺术对人类的影响，意味着我们在今天如何看待技术对于我们人类、文明和艺术的影响。究竟什么是加密艺术？而艺术又如何与区块链相结合？对艺术产生新的观念与方法的变革，势必要从加密艺术的源头——区块链中寻找其发展的脉络。

# 加密艺术起源

## ◇ 什么是区块链 ◇

### ☆ 比特币的诞生 ☆

提起区块链，首先要从比特币讲起。2008 年 10 月 31 日，化名 Satoshi Nakamoto（中本聪）[1] 的人提出了比特币的设计白皮书（最早见于 metzdowd 邮件列表）《比特币：一个点对点的电子现金系统》(*Bitcoin: A Peer-to-Peer Electronic Cash System*)，并在 2009 年公开了最初的实现代码。

中本聪结合以前的多个数字货币发明，如 B-money 和 HashCash，创建了一个完全去中心化的电子现金系统，该系统关键的创新是利用分布式计算系统每隔 10 分钟进行一次全网"选拔"（称为"工作量证明"算法），使去中心化

---

1　自称日裔美国人，日本媒体常译为中本哲史，此人是比特币协议及其相关软件 Bitcoin-Qt 的创造者，但真实身份未知。

的网络同步交易记录，不需要依赖于有通货保障或是结算交易验证保障的中央权威，而且能优雅地解决双重支付双花[1]问题——一个单一的货币单位可以使用两次。此前，双重支付问题是数字货币的一个弱点，由于数字文件可以完美复制，如果没有一个中心化数据库做记录，那如何避免一个人把一笔钱花两次？在比特币出现之前，是依靠中心化数据库来避免双花的问题，可信第三方不可或缺。

第一个比特币于 2009 年 1 月 3 日 18:15:05 生成，迄今为止比特币网络已经在全球范围内 7×24 小时运行接近 11 年时间，支持过单笔 1.5 亿美元的交易。

中本聪在 2011 年 4 月退出公众视野，"中本聪"究竟是谁，时至今日仍然是个未解之谜。然而，比特币系统的运行，既不依赖于中本聪，也不依赖于其他任何人——比特币系统依赖于完全透明的数学原理。尽管比特币充满了争议，但从技术角度看，比特币是一次了不起的创新。它首次真正意义上实现了足够安全可靠的去中心化数字货币机制。

---

1　"双花"，即双重支付，指的是在数字货币系统中，由于数据的可复制性，使得系统可能存在同一笔数字资产因不当操作被重复使用的情况。

## ☆ 从比特币到区块链 ☆

实现去中心化数字货币机制最关键的一点是需要一套强大的交易记录系统。这个系统要能中立、公正地记录发生过的每一笔交易，并且无法被篡改。这样才能不依赖于有结算交易验证保障的中央权威机构——如现有的银行系统。银行机构作为第三方，有偿提供交易记录服务。如果参与交易的各方都相信银行的记录，就不存在信任问题。但如果是在更大范围流通的货币呢？有哪个银行能让大家完全信任它？因此，需要有一套可靠的账本系统，能让所有用户访问，并且谁都无法去控制它。这就是比特币区块链设计的目的。

作为比特币背后的分布式记账平台，区块链在无集中式监管的情况下，稳定运行了 11 年，支持了海量的交易记录，期间并未出现严重的技术漏洞。

2014 年开始，区块链（Blockchain）技术受到大家的关注，并引发了分布式记账本（Distributed Ledger）技术的革新浪潮。人们逐渐意识到，记账本相关的技术，对于资产（包括有形资产和无形资产）的管理（包括所有权和流通）十分关键；而去中心化或多中心化的分布式记账本技术，对于当前开放、多维化的商业模式意义重大。区块链的思想和结构，正是实现这种分布式记账本系统的一种极具潜力的可行技术。[1]

## ☆ 什么是区块链 ☆

比特币白皮书是被公认的最早关于区块链的描述性文献。该文献重点在于讨论比特币系统，实际上并没有明确提出区块链的概念和定义。

狭义地说，区块链是比特币的底层技术，是首个自带对账功能的数字记账技术实现。从更广泛的意义来说，区块链属于一种去中心化的记录技术。参与系统上的节点，可能不属于同一组织，彼此互不信任；区块链数据由所有节点共同维护，每个参与维护节点都能复制获得一份完整记录的拷贝。

跟传统的数据库技术相比，区块链的特点包括：

▪ 维护一条不断增长的链，只能添加记录，并且发生过的记录都不可篡改；

▪ 去中心化，或者说多中心化，无集中的控制，实现上尽量分布式；

---

1 杨保华,陈昌.区块链原理、设计与应用 [M].北京：机械工业出版社.2017-08.

通过密码学的机制来确保交易无法抵赖和破坏，并尽量保护用户信息和记录的隐私性。[1]

此外，区块链与智能合约结合到一起，可以提供除了交易功能外更灵活的合约功能，执行更为复杂的操作。区块链加入权限管理和高级编程语言支持等，可以实现更强大的、支持更多商用场景的分布式账本系统。

综上所述，从技术层面来看，区块链是一个基于共识机制[2]、去中心化[3]的公开数据库。共识机制是指在分布式系统中保证数据一致性的算法；去中心化是指参与区块链的所有节点都是权力对等的，没有高低之分，同时也指所有人都可以平等自由地参与区块链网络；公开数据库则意味着所有人都可以看到过往的区块和交易，这也保证了记录

---

1　Baohua Yang. 区块链技术指南 [EB/OL]. 巴比特图书 . https://www.8btc.com/book/281939.2016-09-10.2021-08-17.

2　常见于区块链领域，即达成共识的机制。

3　去中心化（decentralization）是互联网发展过程中形成的社会关系形态和内容产生形态，是相对于"中心化"而言的新型网络内容生产过程。在一个分布有众多节点的系统中，每个节点都具有高度自治的特征。节点之间彼此可以自由连接，形成新的连接单元。任何一个节点都可能成为阶段性的中心，但不具备强制性的中心控制功能。节点与节点之间的影响，会通过网络而形成非线性因果关系。这种开放式、扁平化、平等性的系统现象或结构，我们称之为去中心化。

的无法造假与篡改。

区块链不是一项新技术，而是一个新的技术组合。其关键技术，包括 P2P 动态组网、基于密码学的共享账本、共识机制、智能合约等，都是 10 年以上的老技术了。但是，中本聪将这些技术很巧妙地组合在一起，并在此基础上引入了完善的激励机制，利用经济学原理来解决传统技术无法解决的问题。

互联网可以用来传递消息，但是还不能可靠地传递价值；而比特币区块链却可以在全球范围内自由地传递比特币，并且能够保证不被双花、不被冒用。从这个角度来说，区块链是记录价值、传递消息和价值转移的一个可信账本，是一个价值互联网。目前大部分人已经认同区块链是"价值互联网"的基础协议。

区块链技术在金融、物联网、数字版权、能源、公共管理等诸多领域都有着巨大的应用价值。现在当人们提到"区块链"时，往往已经与比特币网络没有直接联系了。

## ☆ 区块链的分类 ☆

以参与方分类，区块链可以分为公有（Public）链[1]、联盟（Consortium）链[2]和私有（Private）链[3]。

公有链，是真正意义上的完全去中心化的区块链，任何人都可以查看、使用和维护。它通过密码学保证交易不可篡改，同时也利用密码学验证以及经济上的激励，在互为陌生的网络环境中建立共识，从而形成去中心化的信用机制。比特币是世界上第一个公有链，所谓公和私的区别就在于链上的节点是否自己可控，公有链对应的就是私有链，典型的公有链有比特币和以太坊等。

联盟链，由若干组织一起合作维护，仅限于联盟成员参与，区块链上的读写权限、参与记账权限按联盟规则来制定。联盟链的共识过程由预先选好的节点控制。由

---

1　公有链是指全世界任何人都可读取、发送交易且交易能获得有效确认的、也可以参与其中共识过程的区块链。

2　联盟链，只针对某个特定群体的成员和有限的第三方，其内部指定多个预选节点为记账人，每个块的生成由所有的预选节点共同决定。

3　私有链指的是某个区块链的写入权限仅掌握在某个人或某个组织的手中，数据的访问以及编写等有着十分严格的权限，只对单独的个人或实体开放。

于参与共识的节点比较少，联盟链一般不采用工作量证明的挖矿机制，而是多采用权益证明或 PBFT（Practical Byzantine Fault Tolerance）、RAFT 等共识算法。联盟链对交易的确认时间、每秒交易数都与公有链有较大的区别，对安全和性能的要求也比公有链高。联盟链的代表平台有：超级账本（Hyperledger）[1]、企业以太坊联盟（EEA）[2]、R3 区块链联盟[3]、区块链服务网络BSN[4]、中国分布式总账基础

---

1　超级账本（Hyperledger）为 Linux 基金会协作的开源项目，旨在推进跨行业区块链技术，它是一个全球跨行业领导者的合作项目，已经成为区块链领域全球性的技术联盟，在全球拥有 270 多个会员组织，涵盖众多行业，包括金融、银行、物联网、供应链、制造和技术领域。

2　企业以太坊联盟 (EEA)：2017 年 2 月 28 日，一批代表着石油、天然气行业、金融行业和软件开发公司的全球性企业正式推出企业以太坊联盟 (Enterprise Ethereum Alliance)，致力于将以太坊开发成企业级区块链。这些企业包括英国石油巨头 BP、华尔街大投资银行实力集团银行摩根大通、软件开发商微软、印度 IT 咨询公司 Wipro 以及 30 多家其他不同的公司。

3　R3 区块链联盟基于 Corda 平台，是全球顶级的区块链联盟，由 R3 公司于 2014 年联合巴克莱银行、高盛、J.P 摩根等 9 家机构共同组建，目前由 300 多家金融服务机构、科技企业、监管机构组成。

4　区块链服务网络BSN（Blockchain-based Service Network）是一个基于联盟链运行环境和数据传输的全球性基础设施网络，由国家信息中心、中国移动通信集团公司、中国银联股份有限公司、北京红枣科技有限公司共同发起。BSN 首批成员为中国联通、中国电信、人民网、火币中国等 14 家单位。

协议联盟 [1]、中国区块链研究联盟（CBRA）[2] 和金链盟 [3]。

私有链，仅在私有组织使用，区块链上的读写权限、参与记账权限按私有组织规则来制定。私有链的应用场景一般是企业内部的应用，如数据库管理、审计等。私有链的价值主要是提供安全、可追溯、不可篡改、自动执行的运算平台，可以同时防范来自内部和外部对数据安全的攻击，这个在传统系统中是很难做到的。和联盟链类似，私有链也是一种许可链。

---

1  中国分布式总账基础协议联盟 (ChinaLedger) hinaLedger 作为中国第一个由大型金融机构、金融基础设施以及技术服务公司共同发起设立的分布式账本联盟，联盟秘书设立在专注于区块链技术的非营利性前沿研究机构：万向区块链实验室。

2  中国区块链研究联盟英文名称为 "China Blockchain Research Alliance" 由 GSF100 联合部分理事单位 (中国万向控股有限公司、厦门国际金融技术有限公司、包商银行股份有限公司、营口银行股份有限公司 ) 及中国保险资产管理业协会共同发起。

3  金链盟是以技术标准为纽带，由积极推动区块链技术发展的金融机构，以及向金融机构提供科技服务的企业自愿组成的合作组织。金链盟由安信证券、京东金融、博时基金、重庆股转中心、第一创业证券、富德保险控股、国信证券、恒生电子、南方基金、平安银行、齐鲁股交中心、平安金科、微众银行、金证股份、深金信会、赢时胜、致远速联、四方精创、银链科技、深证通、武交中心、招商证券、招银网络、中股集团、中证信用等 25 家金融机构和金融科技企业发起成立。

# ◇比特币简介◇

## ☆ 比特币的概念及简介 ☆

前文对比特币的产生已经进行了简要的介绍，这里不再赘述。比特币一是构成数字货币生态系统基础的概念和技术的总称；二是货币单位，用于在比特币网络中的参与者之间存储和传递价值。比特币用户主要通过在互联网上使用比特币协议进行通信，也可以使用其他传输网络。比特币协议栈是开源软件，可以在各种计算设备（包括笔记本电脑和智能手机）上运行，易于被人接受。

比特币代表了数十年密码学和分布式系统研究的结果，包括了四个关键创新，比特币将这四个创新以独特和强大的方式组合在一起。

比特币的四个创新包括：

- 去中心化的点对点对等网络（比特币协议）；
- 公开交易总账（区块链）；
- 独立验证交易和发行货币的一套规则（共识规则）；
- 通过区块链有效实现全球去中心化共识的机制（工作量证明算法）。

## ☆ 比特币原理 ☆

比特币系统由用户、交易和矿工组成。比特币用户用自己的密钥，证明自己的比特币所有权。凭借这些密钥，他们可以对交易进行签名以解锁自己的比特币，并将其转账给新的所有者实现消费。密钥通常存储在每个用户的计算机或智能手机上的数字钱包中。拥有可以签署交易的密钥是消费比特币的唯一先决条件，凭此密钥，用户可以完全控制自己的比特币。比特币完全是虚拟的。没有物理硬币，甚至也没有数字货币。这种币隐含在从发送方到接收方转账交易中。

比特币是分布式的点对点系统。因此，没有"中央"服务器或控制节点。比特币网络中的任何参与者都可以作为矿工使用其计算机的处理能力来验证和记账交易。在比特币中，信任不是通过中央权威机构授权而来，而是通过比特币系统中不同用户相互交互自发达成，与传统的银行和支付系统不同，是基于去中心化的信任，这是比特币的一个显著特性。

比特币区块链是一个分布式的公开权威账簿，包含了比特币网络发生的所有交易。

理解区块链的基本原理，首先需要理解几个基本概念：

⬤ 交易：对账本状态的改变，如添加一条记录；

⬤ 区块：记录一段时间内发生的交易和状态，是对当前账本状态的一次共识；

⬤ 链：由一个个区块按照发生顺序串联而成，是状态变化的日志记录。

区块链是由包含交易信息的区块从后向前有序链接起来的数据结构，这也是其名字"区块链"的来源。它可以被存储为 flat file（一种包含没有相对关系记录的文件），或是存储在一个简单数据库中。比特币核心客户端使用 Google 的 LevelDB[1] 数据库存储区块链元数据。区块被从后向前有序地链接在这个链条里，每个区块都指向前一个区块。新的数据要加入，必须放到一个新的区块中来加入。

对每个区块头[2]通过 SHA256 算法，生成一个哈希值[3]。通过这个哈希值，可以识别出区块链中的对应区块。同时，

---

1　LevelDB 是一个由 Google 公司所研发的键——值存储嵌入式数据库管理系统编程库，以开源的 BSD 许可证发布。

2　区块头里面存储着区块的头信息，包含上一个区块的哈希值（PreHash），本区块体的哈希值（Hash），以及时间戳（TimeStamp），等等。

3　哈希值一般指 Hash 函数，一般翻译作散列、杂凑，或音译为哈希，是把任意长度的输入通过散列算法变换成固定长度的输出，该输出就是散列值（哈希值）。

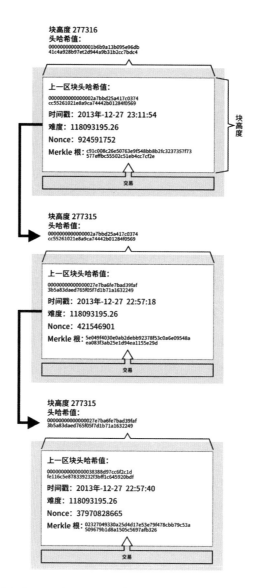

区块通过引用父区块的区块头哈希值的方式，以链条的形式进行相连

每一个区块都可以通过其区块头的"父区块哈希值"字段引用前一区块（父区块）。也就是说，每个区块头都包含它的父区块哈希值。这样把每个区块链接到各自父区块就创建了一条一直可以追溯到第一个区块（创世区块）的链条[1]。每个区块必定按时间顺序跟随在前一个区块之后，如上图所示。

由于区块头里面包含"父区块哈希值"字段，所以也会影响到当前区块的哈希值，因此要改变一个已经在区块链中存在了一段时间的区块，从计算上来说是不可行的，因为如果它被改变，它的哈希值就会改变，那么它之后的每个区块都必须随之改变。这种瀑布效应确保了一旦一个区块之后有很多后代，要对其进行修改，就不得不强制重新计算该区块所有后续的区块。正是这样的重新计算需要耗费巨大的计算量（以及由此带来的能量消耗），所以一个长区块链的存在可以让区块链的深度历史无法改变，这也是比特币安全性的一个关键特征。

在比特币系统中，客户端发起一项交易后，会广播到网络中等待确认。比特币网络中的任何参与者都可以作为

---

1　[希] 安德烈亚斯·M. 安东诺普洛斯. 精通比特币 [M]. 东南大学出版社 .2018:119.

矿工使用其计算机的处理能力来验证和记账交易，生成新区块。矿工[1]节点会收集所有尚未确认的交易，并打包在一起（包括此前区块的哈希值等信息），组成一个候选区块。然后通过寻找一个特定数学问题的答案来赢得记账的权利，即矿工节点会尝试找到一个随机调整数 Nonce[2] 串放到区块里，使得候选区块的哈希值满足一定条件（比如低于某个特定的目标）。当一个节点找到了符合要求的 Nonce，这个区块在格式上就合法了，该节点就可以向全网广播自己的结果。同时，该节点就能获得这个区块全新的比特币奖励及交易费。其他节点接收这个新解出来的区块，并检验其是否符合规则。只要其他节点通过计算验证其确实满足要求，就承认这个区块是一个合法的新区块，并被添加到链上。找到一个满足条件的 Nonce 值，生成新区块的过程，即俗称的挖矿。比特币是通过称为"挖矿"的过程实现发行的。

在比特币系统中，要让候选区块的哈希值满足一定条

---

1　矿工：尝试创建区块并将其添加到区块链上的计算设备或者软件。在一个区块链网络中，当一个新的有效区块被创建时，系统一般会自动给予区块创建者（矿工）一定数量的代币，作为奖励。

2　Nonce 是 Number once 的缩写，在密码学中 Nonce 是一个只被使用一次的任意或非重复的随机数值。

件并无已知的启发式算法，只能进行暴力尝试。尝试的次数越多，算出来的概率越大，即算力越大，算出来的概率越大。因此比特币的这种共识机制被称为 Proof of Work（PoW）。比特币协议包括内置的算法，用于调整整个网络的挖矿能力，通过调节对哈希值结果的限制，无论多少矿工（以及多大处理能力）参与竞争，矿工挖矿的难度都是动态调整的，保证比特币网络约平均每 10 分钟算出来一个合法区块。

比特币协议规定每 4 年发行新比特币的比例减少一半，最终实现将发行的比特币的总数限制在 2 100 万个这样的固定总量。结果是，流通的比特币数量是一个可以被预测的曲线，到 2140 年将达到 2 100 万。由于比特币的发行率是递减的，长期来看，比特币货币是通货紧缩。此外，比特币不能通过"印刷"（增发）超过预期发行率的新货币来膨胀。

## ☆ 比特币白皮书 ☆

比特币的问世颠覆了所有人的认知，作为第一个成功的区块链技术应用项目，比特币是学习区块链技术所必须的过程，因此，区块链技术赋予比特币白皮书诞生的意义，支撑"比特币"的区块链技术得到了日益广泛的认同和应用，区块链技术的深层理念，特别是"非中心化"的理念，得到了前所未有的传播，刺激了相关"硬件"和"软件"的开发和升级，造就了包括政府、企业、社会组织和个人参与的全方位"区块链革命"。

## ◇ 以太坊简介 ◇

### ☆ 以太坊的诞生 ☆

比特币模型给了人们很多启示，人们认识到它的价值，并开始试图将其应用到加密货币以外的其他领域。2013 年，年轻程序员和比特币爱好者 Vitalik Buterin[1] 开始考虑进一步扩展比特币和 Mastercoin（一种扩展比特币，提供基本智能合约的叠加协议）的功能。 2013 年 12 月，Vitalik 开始分享一份白皮书，描述了以太坊背后的想法：一个图灵完备性[2] 的可编程和通用区块链。几十个人看到了这个早期的草案，并向 Vitalik 提供了反馈，帮助他逐渐提出提案。

---

1  以太坊联合创始人，著有《以太坊白皮书》。

2  图灵完备性（Turing Completeness）是针对一套数据操作规则而言的概念。数据操作规则可以是一门编程语言，也可以是计算机里具体实现了的指令集。当这套规则可以实现图灵机模型里的全部功能时，就称它具有图灵完备性。

使用单独的区块链实施智能合约执行的共识规则以及图灵完备语言的影响，基于区块链的合约可以保存数字资产并根据预设规则将其转移到通用计算平台。随着对"Web 3"体系的日益重视，这种影响变得更加强烈，这种体系将 Ethereum 看作一套去中心化技术的组成部分，另外两个是 Whisper 和 Swarm。

从 2013 年 12 月开始，Vitalik 和 Gavin 完善并发展了这个想法，共同构建了形成以太坊的协议层。

以太坊的创始人们希望设计一个并非针对特定目的的区块链，而是通过可编程来支持各种各样的应用。具体而言，是让开发人员可以通过使用像以太坊这样的通用区块链，编写他们的特定应用程序，而不必开发对等网络、区块链、共识算法等底层机制。以太坊平台旨在抽象这些详细信息并为去中心化区块链应用程序提供确定性和安全的编程环境。

像中本聪一样，Vitalik 和 Gavin 不仅仅发明了一种新技术，他们以新颖的方式将新发明与现有技术结合起来，并提供了原型代码以向世界证明他们的想法。2015 年 7 月 30 日，第一个以太坊区块被开采。世界计算机开始为世界服务。

## ☆ 什么是以太坊 ☆

以太坊是一个开放的区块链平台，就像比特币一样，以太坊不受任何人控制，也不归任何人所有——它是一个开放源代码项目，由全球范围内的很多人共同创建。

以太坊与其他开放区块链共享许多通用元素：连接参与者的点对点网络，用于状态同步（工作证明）的共识算法，数字货币（以太）和全局账本（区块链）。

以太坊的目标和构建在很多方面都和之前的开源区块链有所不同。以太坊的设计十分灵活，极具适应性。它并不是给用户一系列预先设定好的操作（例如比特币交易），而是允许用户按照自己的意愿创建复杂的操作。即它允许任何人在平台中建立和使用通过区块链技术运行的去中心化应用，包括但不仅限于加密货币。在以太坊平台上创建新的应用十分简便，任何人都可以安全地使用该平台上的应用。

以太坊可以理解为一系列定义去中心化应用平台的协议。它的核心是以太坊虚拟机（"EVM"），可以执行任意复杂算法的编码。比特币的脚本语言故意被限制为简单的真 / 假消费条件判断，而以太坊的语言是图灵完备的，可以运行理论图灵机运行的任何计算。开发者能够使用现有的 JavaScript[1] 和 Python[2] 等语言为模型的其他友好的编程语言，创建出在以太坊模拟机上运行的应用。

以太坊区块链数据库由众多连接到网络的节点来维护和更新。每个网络节点都运行着以太坊虚拟机并执行相同的指令。以太坊上的数据采集和处理程序利用以太坊区块链来建立解决方案，这些解决方案依靠去中心化的一致性提供以往无法实现的新产品和服务。

广义上来讲，以太坊是一个生态系统。核心协议由不同的基础设施、编码和社群支持，他们共同构成了以太坊项目。现在已经有很多基于以太坊的项目了。已经非常引人注目了，比如 Augur[3]，Digix，Maker 和其他很多项目（参见数据采集和处理程序）。此外，还有开发团队建立了人人皆可使用的开源组件。尽管这些组织都独立于以太坊基金之外，有各自的组织目标，但他们无疑对整个以太坊生态系统是有益的。

---

1　JavaScript（简称"JS"）是一种具有函数优先的轻量级，解释型或即时编译型的编程语言。

2　计算机编程语言。

3　Augur 是一个去中心化的预测市场平台，基于以太坊区块链技术。用户可以用数字货币进行预测和下注，依靠群众的智慧来预判事件的发展结果，可以有效地消除对手方风险和服务器的中心化风险，同时采用加密货币（如比特币）创建出一个全球性的市场。

目前，以太坊生态发展欣欣向荣。State of the Dapps 数据显示，截至 2020 年 7 月，约 5 000 份智能合约在以太坊网络上活动，近 3 000 个 DApp（去中心化应用）[1] 在以太坊上运行。

## ☆ 以太坊的工作原理 ☆

从计算机科学的角度来说，以太坊是一种确定性但实际上无界的状态机，它有两个基本功能，第一个是全局可访问的单例状态，第二个是对状态进行更改的虚拟机。

从更实际的角度来说，以太坊是一个开源的、全球的去中心化计算架构，执行成为智能合约的程序。它使用区块链从同步和存储系统状态，以及称为 ether 的加密货币来计量和约束执行资源成本。

以太坊合并了很多对比特币用户来说十分熟悉的特征和技术，同时自己也进行了很多修正和创新。比特币区块链纯粹是一个关于交易的列表，而以太坊的基础单元是账户。以太坊区块链跟踪每个账户的状态，所有以太坊区块链上的状态转换都是账户之间价值和信息的转移。

---

1  DApp（Decentralized Application, 去中心化应用），依靠区块链技术核心所开发出来的应用程序。

以太坊有两种不同类型的账户：外部所有账户（EOAs）和合约账户。EOAs由以太坊以外的软件（如钱包应用程序）控制。合约账户由在以太坊虚拟机（EVM）内运行的软件控制。两种类型的账户都通过以太坊地址标识。

"智能合约"[1]是在以太坊虚拟机（EVM）环境中确定性的运行的不可变的计算机程序。用户可以通过在区块链中部署编码来创建新的合约。一旦部署，智能合约的代码不能改变。修改智能合约的唯一方法是部署新实例。智能合约的结果对于运行它的每个人来说都是一样的，包括调用它们交易的上下文，以及执行时以太坊区块链的状态。

如果从外部账户发一个交易到合约账户，就是对这个合约账户里包含代码的某个函数进行调用。此外，一个合约账户也可以嵌套式地调用另外一个合约账户的代码。

只有当外部账户发出指令时，合约账户才会执行相应的操作。这是因为以太坊要求节点能够与运算结果保持一致，这就要求保证严格确定执行。以太坊虚拟机 EVM 在

---

1　智能合约是一种旨在以信息化方式传播、验证或执行合同的计算机协议。智能合约允许在没有第三方的情况下进行可信交易，这些交易可追踪且不可逆转。

每个以太坊节点上作为本地实例运行，但由于 EVM 的所有实例都在相同的初始状态下运行并产生相同的最终状态，因此整个系统作为单台世界计算机运行。

为使以太坊区块链免受无关紧要或恶意的运算任务干扰，以太坊引入了燃料（Gas）机制。执行智能合约的某个操作，或者存储一些数据都要花费相应数量的 Gas；在执行一个智能合约时，必须在一定 Gas 限度内完成，否则程序就会终止。

Gas 是以太坊用于允许图灵完备计算的机制，同时限制任何程序可以使用的资源。交易的发送者必须在激活"程序"的每一步进行付款，通过以太坊自有的有价代币，以太币 ether 的形式支付。以太坊网络中收集、传播、确认和执行交易的矿工节点们将交易分组（包括许多以太坊区块链中账户"状态"的更新），分成的组被称为"区块"，矿工们会互相竞争，以使他们的区块可以成为合法区块添加到区块链上。和比特币网络一样，矿工们需要解决复杂数学问题以便成功地"挖"到区块，即"工作量证明"。

矿工们每成功挖到一个区块就会得到以太币奖励。这种经济激励，促使人们为以太坊网络贡献硬件和电力。为防止比特币网络中已经发生的、专门硬件（例如特定用途集成电路）造成的中心化现象，以太坊选择了难以存储的运算问题。如果解决问题需要存储器和CPU，事实上一台普通的电脑就可以解决问题。这就使以太坊的工作量证明具有抗特定用途集成电路性，和比特币这种由专门硬件控制挖矿的区块链相比，能够带来更加去中心化的安全分布。

## ☆ 以太坊白皮书 ☆

区块链技术发展了10多年，人们已经认识到区块链技术的力量，比特币只是当今使用区块链技术的数百种应用程序之一，而从某种程度上来说以太坊已经超过了比特币这种第一代去中心化应用程序，从以太坊发行的白皮书中，我们可以看到比特币和以太坊在目的和功能上存在很大差异，比特币提供了一种特殊的区块链技术应用，即支持在线比特币支付的点对点电子现金系统，但以太坊则专注于运行任何去中心化应用程序的编程代码。

## ◇ 区块链技术应用场景 ◇

区块链在不引入第三方中介机构的前提下，可以提供去中心化、不可篡改、安全可靠等特性保证，可以有效地解决信任问题，实现价值的自由传递，所有直接或间接依赖于第三方担保信任机构的活动，均可能从区块链技术中获益。

区块链通过创造信任来创造价值，具有四个特殊优势。一是节约时间。信息共享在分账本上，获取较为容易。以前可能需要在多个数据库中查询，现在只需在一个账本上查询。二是降低成本。区块链去中心化，没有中介，交易双方可以直接面对面，自然节约成本。三是降低风险。区块链是区块加链式的构造，引入了数学上的哈希加密算法，可以避免数据被篡改、造假的风险。四是增加信任。区块链可以在不可信的网络建立可信的信息交换，让信任产生无损的传递，降低整个社会的摩擦成本，拓展人们的信任基础，提高合作能力。

近年来，区块链技术和产业在全球范围内快速发展，应用已延伸到数字金融、数字政务、存证防伪、物联网、智能制造、供应链管理、数字资产交易等多个领域，展现出广阔的应用前景。

**数字货币**

在经历了实物、贵金属、纸钞等形态之后，数字货币已经成为数字经济时代的发展方向。相比实体货币，数字货币具有易携带存储、低流通成本、使用便利、易于防伪和管理、打破地域限制，能更好整合等特点。

比特币技术上实现了无需第三方中转或仲裁，交易双方可以直接相互转账的电子现金系统。2019 年 6 月互联网巨头 Facebook 也发布了其加密货币天秤币（Libra）白皮书。无论是比特币还是 Libra，其依托的底层技术正是区块链技术。

**金融资产交易结算**

区块链技术天然具有金融属性，它正对金融业产生颠覆式变革。支付结算方面，在区块链分布式账本体系下，市场多个参与者共同维护并实时同步一份"总账"，短短几分钟内就可以完成现在两三天才能完成的支付、清算、结算任务，降低了跨行跨境交易的复杂性和成本。同时，区块链的底层加密技术保证了参与者无法篡改账本，确保交易记录透明安全，监管部门方便地追踪链上交易，快速定位高风险资金流向。证券发行交易方面，传统股票发行流程长、成本高、环节复杂，区块链技术能够弱化承销机构作用，帮助各方建立快速准确的信息交互共享通道，发行人通过智能合约自行办理发行，监管部门统一审查核对，投资者也可以绕过中介机构进行直接操作。数字票据和供应链金融方面，区块链技术可以有效解决中小企业融资难问题。目前的供应链金融很难惠及产业链上游的中小企业，因为他们跟核心企业往往没有直接贸易往来，金融机构难以评估其信用资质。基于区块链技术，我们可以建立一种联盟链网络，涵盖核心企业、上下游供应商、金融机构等，核心企业发放应收账款凭证给其供应商，票据数字化上链后可在供应商之间流转，每一级供应商可凭数字票据证明实现对应额度的融资。

## 数字政务

区块链可以让数据跑起来，大大精简办事流程。区块链的分布式技术可以让政府部门集中到一个链上，所有办事流程交付智能合约，办事人只要在一个部门通过身份认证以及电子签章，智能合约就可以自动处理并流转，顺序完成后续所有审批和签章。区块链发票是国内区块链技术最早落地的应用。税务部门推出区块链电子发票"税链"平台，税务部门、开票方、受票方通过独一无二的数字身份加入"税链"网络，真正实现"交易即开票""开票即报销"——秒级开票、分钟级报销入账，大幅降低了税收征管成本，有效解决数据篡改、一票多报、偷税漏税等问题。扶贫是区块链技术的另一个落地应用。利用区块链技术的公开透明、可溯源、不可篡改等特性，实现扶贫资金的透明使用、精准投放和高效管理。

## 存证防伪

区块链可以通过哈希时间戳证明某个文件或者数字内容在特定时间的存在，加之其公开、不可篡改、可溯源等特性为司法鉴证、身份证明、产权保护、防伪溯源等提供了完美解决方案。在知识产权领域，通过区块链技术的数字签名和链上存证可以对文字、图片、音频视频等进行确权，通过智能合约创建执行交易，让创作者重掌定价权，实时保全数据形成证据链，同时覆盖确权、交易和维权三大场景。在防伪溯源领域，通过供应链跟踪区块链技术可以被广泛应用于食品医药、农产品、酒类、奢侈品等各领域。

**数据服务**

区块链技术将大大优化现有的大数据应用，在数据流通和共享上发挥巨大作用。未来互联网、人工智能、物联网都将产生海量数据，现有中心化数据存储（计算模式）将面临巨大挑战，基于区块链技术的边缘存储（计算）有望成为未来解决方案。再者，区块链对数据的不可篡改和可追溯机制保证了数据的真实性和高质量，这成为大数据、深度学习、人工智能等一切数据应用的基础。最后，区块链可以在保护数据隐私的前提下实现多方协作的数据计算，有望解决"数据垄断"和"数据孤岛"问题，实现数据流通价值。针对当前的区块链发展阶段，为了满足一般商业用户区块链开发和应用需求，众多传统云服务商开始部署

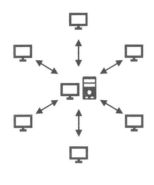 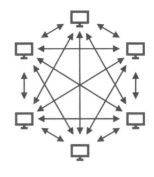

中心式存储架构 分布式存储架构

自己的 BaaS（"区块链即服务"）[1]解决方案。区块链与云计算的结合将有效降低企业区块链部署成本，推动区块链应用场景落地。未来区块链技术还会在慈善公益、保险、能源、物流、物联网等诸多领域发挥重要作用。[2]

---

1  BaaS（Blockchain as a Service），"区块链即服务"，是指将区块链框架嵌入云计算平台，利用云服务基础设施的部署和管理优势，为开发者提供便捷、高性能的区块链生态环境和生态配套服务，支持开发者的业务拓展及运营支持的区块链开放平台。通常情况下，一套完整的 BaaS 解决方案包括设备接入、访问控制、服务监控和区块链平台四个主要环节。

2  张培培.区块链技术的五大应用场景[N].学习时报.2019-11-01-A3 版.

# ◇ 分布式存储技术简介 ◇

分布式存储是相对于集中式存储来说的，所谓集中式存储，就是整个存储是集中在一个系统中的。但集中式存储并不是一个单独的设备，而是集中在一套系统当中的多个设备。整个存储系统可能包含几个或很多设备。

分布式存储是通过网络使用分散设备上的存储空间，并将这些分散的存储资源构成一个虚拟的存储设备，数据分散地存储在网络中的各个角落。因此，分布式存储技术并不是每个设备都存放完整的数据，而是把数据切割后存放在不同的设备里。分布式存储最早是由谷歌提出的，其目的是通过廉价的服务器来提供使用与大规模、高并发场景下的 Web 访问问题。[1]

分布式数据存储能提高系统的可靠性、可用性和存取效率，而且易于拓展，在区块链领域应用非常广泛。近年来，区块分布式存储技术迅速发展，最重要的区块链分布式存储技术是 IPFS.

---

1　全链社.简述分布式存储技术 [EB/OL].https://www.sohu.com/a/231025224_100123121.2018-05-09.2021.08-17.

## IPFS 简介

星际文件系统（Inter Planetary File System），简称 IPFS，即一种内容可寻址、版本化、点对点超媒体的分布式存储、传输协议，旨在从根本上改变信息在全球及全球范围内分发的方式。

众所周知，互联网是建立在 HTTP 协议上的。HTTP 协议让互联网得以快速发展，但随着互联网的进步，HTTP 协议逐渐显示出其不足之处：服务器中心化且成本很高；Web 文件可能被删除；高度依赖易受外界因素影响的互联网主干网，导致容易宕机，等等。

IPFS 的出现让这些问题迎刃而解。在不依赖主干网和中心化服务器的同时，IPFS 通过一个文件系统将网络中所有的设备连接起来，让存储在系统上的文件，在全世界任何一个地方快速获取，且不受防火墙的影响（无需网络代理），在下载相关数据的时候，相比于 HTTP 的下载速度要快很多，并且 IPFS 有历史版本回溯，数据可以得到永久的保存。[1]

---

1　CECBC 区块链专业委员会 . 区块链数据存储与 IPFS 技术的融合应 [EB/OL].https://blog.csdn.net/CECBC/article/details/112243864. 2021-01-05.2021.08-17

在 IPFS 系统里，文件及数据具有存在的唯一性，一个文件加入了 IPFS 网络，将通过哈希运算为内容赋予一个唯一加密的哈希值。该哈希值具有不可篡改也不可删除的特性。

IPFS 使用基于内容本身生成的加密哈希值来识别查找到对应的文件碎片，即基于内容寻址，最后在本地拼成完整文件。其并行的速度远优于当前的数据传输形式。

由于在 IPFS 网络中，所有的文件和数据都是分散在许许多多节点上的，并且经过加密，黑客没有办法进行攻击，从而保证了文件和数据的安全性。IPFS 还有文件重复检测机制，不会出现资源冗余问题。从整个网络空间考虑，也将大大节省网络存储空间。

所以从根本上说，IPFS 能改变 Web 内容的分发机制，使其完成去中心化。IPFS 协议的目标是取代传统的互联网协议 HTTP。IPFS 协议可以让互联网速度更快，更加安全，并且更加开放。

# NFT 的发展历程

## ◇ 什么是Token？◇

Token，通常翻译为通证。Token 是区块链中的重要概念之一。基于区块链的 Token 代表的是区块链上的一种权益证明，涵盖的范围较广，不仅仅局限于货币，而且是可流通的加密数字权益证明。

## ◇ Token的三个要素 ◇

一是数字权益证明，通证必须是以数字形式存在的权益凭证，代表一种权利、一种固有和内在的价值；

二是加密，通证的真实性、防篡改性、保护隐私等能力由密码学予以保障；

三是能够在一个网络中流动，从而随时随地可以被验证。[1]

---

1　雨夜凌风 . 区块链币圈里的 Token 到底是什么 [EB/OL].https://www.sohu.com/a/380907408_120598630.2020-03-17.2021-09-01.

## ◇ Token的用途 ◇

Token 可以作为数字货币。但是，这只是其中的一个用途。Token 有着更广泛的用途。

例如，Token 可以代表资产的所有权，例如黄金、房地产、汽车、数字收藏品（CryptoKitties[1]）等的所有权；代表金融权益，如股权、债券、收益权等；代表参与权利，如区块链生态中 Token 的持有者有权利参与或执行项目的各种行为，包括使用权、工作权、记账权和评价权等。代表治理权益，如区块链项目中的投票权、仲裁权、否决权等。[2] Token 还可以代表身份、凭证、知识产权等。

## ◇ Token 标准 ◇

目前应用最广泛的 Token 标准是以太坊 ERC20 标准。该标准以太坊征求意见（ERC）由 Fabian Vogelsteller 于 2015

---

1　CryptoKitties，即加密猫，全球首款区块链游戏。加密猫是一群讨人喜欢的数字喵咪，每一只猫咪都拥有独一无二的基因组，这决定了它的外观和特征。玩家可以收集和繁殖喵咪，创造出全新的喵星人并解锁珍稀属性。

2　链吧成精．你对 Token 的意义了解多少 [EB/OL].https://www.sohu.com/a/233464544_100163243.2018-05-30.2021-09-01.

年 11 月引入。ERC 代表 "Etuereum Request for Comment"。它被自动分配了 GitHub 发行号码 20，从而获得了名字 "ERC20 Token"。目前绝大多数以太坊上的 Token 都基于 ERC20。ERC20 标准为实现 Token 的合约定义了一个通用接口，这样任何兼容的 Token 都可以以相同的方式被访问和使用。该接口包含许多必须存在于标准的每个实现中的函数，以及可能由开发人员添加的一些可选函数和属性。

其他以太坊 Token 标准有：ERC20 系列：ERC20、ERC223、ERC621、ERC827；ERC721 系列：ERC721、ERC875、ERC998、ERC1155 和 ERC865，这些标准的主要目的是鼓励合约之间的互操作性。因此，所有钱包、交易所、用户界面和其他基础设施组件都可以以可预见的方式与任何遵循规范的合约进行交流。换句话说，标准化带来的好处是兼容性，这些标准化的代币支持各种以太坊钱包，并被用于不同的平台和项目。

事实上，Token 作为区块链价值激励的载体，又分为若干类型，业界也有不同的划分标准，并不限于以上所列出的以太坊 token 标准。

## ◇ NFT的概念 ◇

NFT 全称为（Non-Fungible Token），即非同质化通证

（或非同质化代币），意为不可互换的通证，是相对于可互换而言的一种独特的数字资产。

同质化通证，即FT（Fungible Token），如比特币（BTC）、以太币（ETH）等。每一枚都是相同的，都具有同样的属性，因此是可拆分的，可以互相替代；而非同质化通证，则是唯一的、不可替代的，具有独一无二、稀缺、不可分割的属性。因此可以用它来锚定现实世界中的物品，即标记具有非同质化特性事物的所有权，成为资产的链上权益映射。这个事物可以是一个数字资产，例如一个电子游戏道具，或者一件数字收藏品，也可以是一个实实在在的资产，例如一栋房子、一辆车、一件艺术品。NFT使我们能够将任意有价值的事物通证化，并追溯该信息的所有权，从而实现信息与价值的交汇。

# ◇ NFT（非同质化代币）的特征 ◇

## ☆ 标准化 ☆

传统数字资产——从赛事门票到域名都没有统一的标准，一款游戏和一个票务系统可能以完全不同的方式来处理它的收藏品。而在公链上发布NFT，开发者可以建立所有NFT通用的、可重复使用的、可继承的标准，包括如所有权、交易、简单的访问控制这样的基本要素。而那些额外的标准（如怎样表现 NFT）则可以在应用层实现。

就像用于图像文件的 JPEG 或 PNG 文件格式，用于计算机之间请求的 HTTP，以及用于在网上显示内容的 HTML/CSS，区块链是建立在互联网之上的一层网络，它为开发者提供了一套全新的状态集合原语。

## ☆ 互操作性 ☆

NFT 标准可以让非同质化代币在多个生态系统间轻松地转移。当开发者推出一个新的 NFT 项目时，这些 NFT 就立即可以在几十个不同的钱包中查看，可以在市场上交易，而且，最近还可以在虚拟世界中显示了。因为开放的标准为读取数据提供了一个清晰的、一致的、可靠的、有权限控制的 API[1]。

## ☆ 可交易性 ☆

互操作性最引人注目的功能是让 NFT 可以在开放市

---

1　API（Application Programming Interface，应用程序接口）是一种计算接口，它定义多个软件中介之间的交互，以及可以进行的调用（call）或请求（request）的种类，如何进行调用或发出请求、应使用的数据格式、应遵循的惯例等。

场自由交易。第一次，用户可以将资产从传统环境中转移出来，并投入市场进行各种方式的交易，比如，eBay式拍卖、竞价、捆绑交易，并且可以用任何币种交易，如稳定币和特定应用货币。

尤其对游戏开发者来说，资产可交易表示从封闭经济过渡到了一个开放的、自由的市场经济。游戏开发者不再需要事无巨细地管理游戏中的各种资产和交易，他们可以让自由市场来承担这些繁重的工作。

## ☆ 流动性 ☆

NFTs的即时交易性将导致更高的流动性。NFT市场可以迎合各种受众——从资深操盘手到新手玩家，将资产曝光给更广大的买家群。就像2017年的ICO热潮催生的由具有即时流动性的代币驱动的新型资产一样，NFTs扩大了这个独特的数字资产市场。

## ☆ 不可更改性和可证明的稀缺性 ☆

智能合约允许开发者对NFTs的供应设置硬性上线，并强行限定其发行后不可修改。例如，一个开发者可以通过编程强行规定只能创建特定数量的特定稀有资产，同时保持更多普通资产无限制供应。开发者也通过在链上编码限定资产的某种特定属性保持不可变。这对艺术品来说是非常友好的，因为艺术品在很大程度上依赖于真品的可证明的稀缺性。

### ☆ 可编程性 ☆

当然，像传统数字资产一样，NFTs 是完全可编程的。CryptoKitties 直接在宠物猫咪的合约中写入了繁育机制。今天，许多 NFTs 都有更复杂的机制，比如，锻造、制作、赎回、随机生成，等等。设计空间充满了各种可能性。[1]

## ◇ NFT的底层协议 ◇

现阶段 NFT 主要的三种底层协议标准：

### ☆ ERC721 ☆

ERC721 是一个开放的、用来描述以太坊上建立非同质或者唯一代币的标准（协议）。是现阶段 NFT 领域最常用的代币标准。ERC721 标准定义约定了一个智能合约必须

---

1　[ 美 ]Devin Finzer.The NFT Bible: Everything you need to know about non-fungible tokens[EB/OL].https://www.chainnews.com/articles/745492278222.htm.2020-01-10.2021-08-17.

实现的最小接口，它包括代币管理、持有和交易功能。在 ERC721 标准下，能将资产转为唯一的、独特的 256 位元代币。而这种代币可以通过区块链上的智能合约追踪，从而建立数位化资产。

值得一提的是，因为 ERC721 标准是由 Axiom Zen 技术总监 Dieter Shirley 创建和发布的，可以说 Dieter Shirley 是 NFT 的奠基人之一，Dieter 是后来 NFT 领域公链 Flow 的首席架构师。该公司 2017 年创立的风靡全球的游戏 CryptoKitties 曾经是 NFT 的第一个明星项目，也成为第一个采用 ERC721 标准的去中心化游戏应用。CryptoKitties 官网曾经的宣传语"每一只加密猫都是独一无二的"很好地诠释了 NFT 的最重要特性。

## ☆ ERC1155 ☆

现有的 ERC20 和 ERC721 分别是 Fungible（可替换的）和 Non-Fungible（不可替换的）两者相对独立，互不兼容。

而真实的游戏中却是你的武器装备、皮肤、盔甲，在绝大部分情况下是 Fungible 的，因为同样的枪支，打起来威力是一样的，子弹更是如此。

但当你需要追溯每把武器的来源，使用情况以及唯一性的时候，他需要是 Non-Fungible，而 ERC20 和 ERC721 彼此之间的不兼容导致你无法做到 Fungible 和 Non-Fungible 共存。

ERC1155 协议标准同时兼具了 NFT 和 FT 的特性，具有半同质化代币（Semi-fungible Token）的特性，是用于管理多代币类型合约的标准接口。单一部署的合约可包括可替换代币、不可替换代币或其他配置（例如半可替换代币）的任何组合。它的核心概念是一个智能合约可以管理无限数量的代币。

ERC1155 标准的创立来自 Witek Radomski，他是 Enjin 的联合创始人兼 CTO。创立主要原因是开发游戏时需要有游戏道具，需要多道具多账户发送，而使用 ERC721 需要为每个新的代币"类"部署一个新的智能合约，每次发送就要调用一次合约从而产生一笔 Gas 费。举个例子，有个日活 10 万、注册用户百万人的游戏，游戏升级每个人送一把剑。这个时候如果在区块链上给 100 万人每人转账一次，需要花多少钱？按照目前普通转账——0.01eth 的费用计算，需要直接承担 3 500 万美元，这对于游戏公司来说是一笔巨大的开销，而且流程烦琐，时间周期较长。

ERC1155 的诞生从一定程度上解决了这个问题，因为这个协议标准同时兼具了 NFT 和 FT 的特性，具有半同质化代币（Semi-fungible Token）的特性，提高了转账的快捷程度和减少了 Gas 费，可以满足更多场景需求。

## ☆ ERC998 ☆

这个标准名为可组合非同质化代币（Composable NFTs，缩写为 CNFT）。它的结构设计相当于一个标准化延伸，可以让任意一个 NFT 捆绑其他 NFT 或 FT。转移 CNFT 时，就是转移 CNFT 所拥有的整个层级结构和所属关系。可简单理解为 ERC998 可以包含多个 ERC721 和 ERC20 形式的代币，是一种类似"套装"的商品。

这意味着 CryptoKitties 一只猫咪身上可以有同质化的资产，如一些 ETH 代币，也可以有非同质化的道具，如这个加密猫手里拿了一张卡牌或者戴了一条大金链子，这个卡牌或者大金链子本身就是一个 NFT。这时候转账一次就可以打包所有东西。如 ERC998 就是一种类似可以"打包"出售的商品。[1]

如 ERC721 在房屋交易中表示的是房子这个抽象的整

---

1 尺度区块链.NFT 的 3 种协议标准,你了解多少？ [EB/OL]. 金色财经.https://www.jinse.com/blockchain/929014.html.2020-11-30.2021-08-17.

体，但其实一栋房子是一整套东西的集合体，比如，独一无二的土地使用权（ERC721），量产的电视（ERC20）。如果你是楼盘开发商，你会扔掉电视因为你看重的只是房子的土地使用权，这些都需要用更细化的 Token 来表示。

这时就可以用到 ERC998 规则为父 Token（房子）添加各种子 Token（房内物品）来完整地表示这栋房子，新的整体 Token 依然还是不可分割的 NFT，且包含了房子对其中物品的所有权关系，ERC998 可以明明白白表现所属权和一次性交易一整个 Token。

ERC998 的结构中包含两种映射关系，父 TokenID 映射子 Token 合约地址。当子 Token 是 NFT/FT 时，子合约地址映射对应的子 TokenID/ 余额。也就是说，对于子 ERC721 Token，ERC998 会追踪 TokenID，而对于 ERC20 Token，ERC998 会追踪 Token 数量。这种内部记账将有助于确保不拥有父 Token 的人无法转移子 Token。

NFT 三种底层协议标准可以说是逐步升级完善的过程，从 ERC721 到 ERC1155，实现了代币的转账交易更便捷且成本更低；而从 ERC1155 到 ERC998，能实现代币的打包交易及多场景应用。但目前 ERC721 仍是 NFT 生态场景最常运用的通证形式。

# 以数字技术、数字艺术为基础的加密艺术

　　由于当今众多加密艺术品均以"电子化"的方式呈现给公众，因此，一个普遍的共识为加密艺术是基于数字技术、数字艺术发展而来的。因为笼统地看过去，加密艺术与数字艺术均踩在计算机或信息技术的车轮上滚滚而来。但是，笔者以为，因为数字化技术与网络普及，艺术家通过数字技术进行艺术创作，为艺术史带来了新的观念和新的语言，在NFT技术的加持之下，数字艺术变身为加密艺术，引发了人们对加密艺术价值的认知和发现，为了更清楚地厘清加密艺术的前世今生，不妨先来回顾一下数字技术与数字艺术的发展历史。

## ◇ 数字技术 ◇

### ☆ 数字技术的概念 ☆

　　数字技术（Digital Technology），是一项与电子计算机相伴相生的科学技术，它是指借助一定的设备将各种信息，

包括：图、文、声、像等，转化为电子计算机能够识别的二进制数字"0"和"1"后进行运算、加工、存储、传送、传播、还原的技术。由于在运算、存储等环节中要借助计算机对信息进行编码、压缩、解码等，因此也被称为数码技术、计算机数字技术、数字控制技术等。

## ☆ 数字技术的发展 ☆

数字技术的发展与模拟电路一样，经历了电子管、半导体分立器件到集成电路的过程。数字技术应用的典型代表是电子计算机，它是伴随着电子技术的发展而发展的。

现代计算机起源于 1854 年，英国数学家乔治·布尔（George Boole，1815.11.2—1864）在他的杰出论文《思维规律的研究》一文中提出数字式电子系统中的信息用二元数"比特"表示，1 比特可以被认为是"0"或者"1"两个常量中的一个，这种只有两个数字元素的运算系统被称为二元系统，这个理论以用二元数"1"表示真，"0"表示伪的概念为基础。直到 84 年以后香农根据布尔代数提出了开关理论，布尔的理论才找到实际的应用。1906 年，美国的李·德福雷斯特（Lee De Forest，1873—1961）发明了电子管，这为电子计算机的发展奠定了基础。

1935 年 IBM 601，这是一台能在一秒内算出乘法的穿孔卡片计算机。这台机器无论在自然科学还是在商业应用上都具有重要的地位。

1939 年 11 月，美国的物理学家约翰·阿塔纳索夫（John Vincent Atanasoff，1903.10.4—1995.6.15）和他的学生克利福特·贝瑞（Clifford Berry，1918—1963）完成了一台 16 位的加法器，这是历史上第一台真空管计算机。[1]

1939 年德国工程师康拉德·祖斯（Konrad Zuse，1910—1995）和 Schreyer 开始在他们的 Z1 计算机的基础上发展 Z2 计算机，并用继电器改进它的存储和计算单元。

1940 年 Schreyer 利用真空管完成了一个 10 位的加法器，并使用了氖灯做存储装置。

1946 年，世界上第一台电子计算机 ENIAC（Electronic Numerical Integrator And Computer）诞生，这是第一台真正意义上的数字电子计算机，这表明人类创造了可增强和部分代替脑力劳动的工具。它与人类在农业、工业社会中创造的那些只是增强体力劳动的工具相比，有了质的飞跃，为人类进入信息社会奠定了基础。

实际上数字系统的历史可追溯到 17 世纪，1642 年

1    ［英］Burks Alice R，Arthur W. Burks.The first electronic computer : the Atanasoff story.[M].University of Michigan Press.1988.

法国数学家、物理学家布莱士·帕斯卡（Blaise Pascal，1623.6.19—1662.8.19）设计了一台机械的数值加法器，在1671年，德国数学家乔治·布尔（Gorge Boole，1815.11.2—1864）发明了一台可进行乘法与除法的机器，但在这之前的计算机，都是基于机械运行方式，尽管有个别产品开始引进一些电学内容，却都是从属于机械的，还没有进入计算机的灵活、逻辑运算领域。

1958年，第一块集成电路研制成功，这是在电子设计方法上变革的开始。

从20世纪60年代开始，数字集成器件以双极型工艺制成了小规模逻辑器件。随后发展到中规模逻辑器件；20世纪70年代末，微处理器的出现，使数字模拟电路的性能产生质的飞跃。数字集成器件所用的材料以硅材料为主，在高速电路中，也使用化合物半导体材料，例如砷化镓等。逻辑门是数字电路中一种重要的逻辑单元电路。TTL逻辑门电路问世较早，其工艺经过不断改进，至今仍为主要的基本逻辑器件之一。随着CMOS工艺的发展，TTIL的主导地位受到了动摇，有被CMOS器件所取代的趋势。近年来，可编程逻辑器件PLD特别是现场可编程门阵列FPGA的飞速进步，使数字电子技术开创了新局面，不仅规模大，而且将硬件与软件相结合，使器件的功能更加完善，使用更灵活。数字电路有很广泛的应用，这也是数字设计的重要性的体现，数字电路与数字电子技术广泛应用于电视、雷达、通信、电子计算机、自动控制、航天等科学技术领域。

计算机无所不在，交通工具、家电、牙刷、钥匙等生活用品和生活装置可能都会有芯片，并且所有的信息基本都是以数字化形式存在的，所有的东西都会成为数字化的东西，数字化技术正在成为当代社会的主要发展方向。

## ☆ 数字技术的其他应用 ☆

传统的模拟相机是用卤化银感光胶片记录影像，胶片成像过程需要严格的加工工艺和技术，而且胶片不容易保存和传输。数字相机是将影响的光信号转化为数字信号，以像素阵列的形式进行存储。

### 数码相机的诞生

1973 年，史蒂文·赛尚（Steven Sasson）硕士毕业后加入柯达，成为一名应用电子研究中心的工程师。1974 年，他担负起发明"手持电子照相机"的重任。

1975 年的冬天，赛尚在 Applied Research Lab 研发出了第一台原型机。当时研究的目的是不用胶片来拍摄影像，所以，其原型产品只有 1 万像素，成像非常粗糙。这部相机当时需要 23 秒来记录一幅黑白照片，并储存在卡式录音带中，与今日的数码相机大相径庭。

其中，最为人忽视的部分，其实是相机内最重要的零件感光耦合元件（Charge-coupled Device，即 CCD）。CCD 是物理学家韦拉德·博伊尔（Willard S.Boyle）和乔治·史密斯（George E.Smith）1969 年贝尔实验室研究发展存储器技术时在突发的资金断档的压力下，研发出的最基本的 CCD，简略来说，就是当光线接触光敏电容，会依光线强度按比例产生电压信号，并且会被数码化，若加入滤镜的话，则连色彩都可以变成数码信息。两位物理学家当时肯定没想到，在他们自己也不知道的情况下改变了世界相机史，这一技术在 6 年后会颠覆世界。CCD 在史蒂文·赛尚的手中，成为第一部数码相机的核心零件，当然，那时的数码相机还远远不是今日的数码相机，但是也足以改变世界。

谈到那段历史，赛尚还记忆犹新："在当时，数码技术非常困难，CCD 很难控制，A/D 转换器也很难制造，数码存储介质难于获取，而且容量很小。当时没有 PC，回放设备需要量身定做。这些难点让我们用了一年的时间才安装完这台相机。"数码相机对当时的柯达而言是一个很小的项目，由于决定采用数码方式，所以相机中没有太多移动的机械，赛尚和两个技术工程师就完成了这个项目。

在选择可以移动的数码存储介质时，赛尚希望其存储量可以与 35 mm 胶卷的拍摄数量差不多，所以最后采用了通用的卡式录音磁带，基本可以存储相当于一个胶卷的 30 张照片。"很多技术在当时是非常新鲜的，这台原型机的电路板可以打开，一边拍摄，一边调整。"因此，他也成为"数码相机之父"。

**数码摄像机**

从第一台数码摄像机诞生到今天，数码摄像机发生了巨大变化，存储介质从 DV、DVD、硬盘再到 SD 卡、SDHC 卡和 SDXC 卡，总像素从 80 万、400 万到 2 000 万，影像质量从标清 DV（720×576）、高清 HDV（1 440×1 080）到 4K 超高清，都在这几十年中发生。

1995 年 7 月，索尼发布第一台 DV 摄像机 DCR-VX1000，DCR-VX1000 一经推出，即被世界各地电视新闻记者、制片人广泛采用。这款产品使用 Mini-DV 格式的磁带，采用 3CCD 传感器（3 片 1/3 英寸、41 万像素 CCD），10 倍光学变焦，光学防抖系统，发布时的售价高达 4 000 美元。DCR-VX1000 是影像史上的一次重大变革，从此，民用数码摄像机开始步入数字时代。

2000 年 8 月，日立公司推出第一台 DVD 摄像机 DZ-MV100。当时这款产品只能用 DVD-RAM 记录，日立第一次把 DVD 作为储存介质带入数码摄像机中来，使用 8 cm 的 DVD-RAM 刻录盘作为存储介质，摆脱了 DV 磁带的种种不便，是继 DV 摄像机之后的一次重大革新。不过当时并没有多少人注意这款产品，DZ-MV100 仅在日本本土销售，国内市场难觅踪影，DVD 摄像机广泛被人认知则要从 3 年后的索尼大力推广开始。

2004 年 9 月，JVC 推出第一批 1 英寸微型硬盘摄像机 MC200 和 MC100，硬盘开始进入消费类数码摄像机领域。两款硬盘摄像的容量为 4 GB，拍摄的视频影像采用 MPEG-2 压缩，用户可以灵活更改压缩率来延长拍摄时间，硬盘介质的采用使数码摄像机和电脑交流信息变得异常方便，MC200 和 MC100 以及以后的几款 1 英寸微硬盘摄像机都可以灵活更换微硬盘。到 2005 年 6 月，JVC 发布了采用 1.8 英寸大容量硬盘摄像机 Everio G 系列，最大的容量达到了 30 GB，而且很好地控制了体积，价格保持在同类 DV 摄像机的水平上。

2003 年 9 月，索尼、佳能、夏普和 JVC 四巨头联合制定高清摄像标准 HDV。2004 年 9 月，索尼发布了第一台 HDV 1080i 高清晰摄像机 HDR-FX1E。HDV 的记录分辨率达到了 1 440 × 1 080，水平扫描线比 DVD 增加了一倍，清晰度得到革命性提升；HDR-FX1E 包括以后推出的 HDV

摄像机都沿用原来的 DV 磁带，而且仍然支持 DV 格式拍摄，向下兼容，在 HDV 摄像机推广初期内起了良好的过渡作用。

2013 年 10 月 16 日，索尼推出 Handycam 首款民用 4K 数码摄像机 FDR-AX1E。采用 1/2.3 英寸 Exmor R CMOS 影像传感器，搭载 20 倍光学变焦索尼 G 镜头以及全新的高性能影像处理器，可拍摄像素 4 倍于 1080P 的影像。

从模拟摄像机到数码摄像机，从标清、高清到 4k 超高清，从 2D 到 3D，数码摄像机一直在不断更替着新的技术。

## ◇ 数字艺术 ◇

### ☆ 数字艺术的概念 ☆

计算机和网络的出现，具有划时代的意义，而随着计算机技术的发展及普及被大众所熟知，在全球网络化发展的格局下，"数字"这一概念也伴随着科技的发展对人类文明产生了巨大的推动作用，为人类带来了一种新的伦理、新的哲学思考，同时迸发了新的艺术观念与表达。

关于数字艺术的概念，廖祥忠《数字艺术论》中是这样定义的——"所谓数字艺术（Digital art），可被诠释为这样一种艺术形态：即艺术家利用计算机为核心的各类数字信息处理设备，通过构建在数字信息处理技术基础上的创作平台，对自己的创作意念进行描述和实现，最终完成基于数字技术的艺术作品，并通过各类与数字技术相关的传播媒介（以网络为主）将作品向欣赏者群体发布，供欣赏者以一种可参与、可互动的方式进行欣赏，完成互动模式的艺术审美过程。"[1]

数字艺术的形式多样，包括数字绘画、数字摄像、数字录像、互动装置、电脑游戏、电脑动画、多媒体艺术或其他艺术形式混合的艺术。

## ☆ 数字艺术的发展历程 ☆

数字艺术是纯粹由计算机生成、既可通过互联网传播又可在实体空间展示、能够无限复制并具有互动功能的虚拟影像或实体艺术。它起源于 1985 年，发展至今已经有 30 多年的历史。

20 世纪 90 年代以来，"新媒体艺术"与"数字艺术"被理解成同一概念，原因是两者相同的共性，即科技对艺术的影响。而两者却是有着显而易见的区别的。前者指的是从摄影和电影到录像和录音再到数字艺术，后者则按照

---

1　廖祥忠.数字艺术论 [M]. 中国广播影视出版社 .2006-05.

新媒体艺术和数字艺术的策展人、研究者克里斯蒂安妮·保罗（Christiane Paul）的区分，包括"以数字技术为工具创作更加传统的艺术作品的艺术——比如摄影、印刷或雕塑——和通过数字技术创作、存储和发布并以其特性为自身媒介的数字原生和可计算的艺术"。[1]换而言之，新媒体艺术的源头可以追溯至摄影和电影，而数字艺术的真正起点则是计算机艺术。

**计算机艺术的启蒙**

计算机艺术的起源可以被追溯至 1952 年。美国数学家、艺术家和绘图员本·拉波斯基（Ben Laposky，1914—2000）使用早期的计算机和电子阴极管示波器创作了他名为《电子抽象》的黑白电脑图像作品。他使用受控制的电子灯照射到示波器 CRT 的荧光屏上，产生出各种数学曲线，他把这些显示在示波器屏幕上的电子振动使用高速胶片将获取的图像拍摄下来，通过加入变速电动旋转过滤器给图案上色，使之成为彩色作品，这种看上去酷似现代艺术中的抽象艺术作品，形成了世界上第一幅计算机"艺术"作品。

紧随其后的是德国艺术家和电脑图形专家赫伯特·弗

---

1　[英]克里斯蒂安·保罗.数字艺术[M].泰晤士和哈德逊.2015-05-12.第3修订版.P3.

兰克（Herbert W.Franke），他几乎和本·拉波斯基同时开始了抽象电子艺术的创作，创作出与拉波斯基类似的电子抽象图像或者说示波图，他称之为"电子图形"，同时撰写了大量的关于数字媒体艺术的论文，如《新视觉语言——论计算机图形学对社会和艺术的影响》和《扩张的媒体：计算机艺术的未来》（1985年，Leonardo 杂志）。1971年，弗兰克在他第一部著作《计算机图形学——计算机艺术》中最早也是最全面地论述了该主题。[1] 此外，弗兰克也是第一个在专业刊物上提出"计算机艺术"概念的人。

　　总的来说，在当时计算机艺术发展的初始阶段，按大多数艺术家、评论家和观察家的观点，拉波斯基和弗兰克创作的电子抽象图像作品并不属于真正意义上的计算机艺术，这是由于当时计算机技术的局限性，大多数计算机只有单色字符 CRT 屏幕，或电传打字机，或点阵打印机。在这一时期，虽然开发了第一批动画程序设计语言，但它们大多数只能用于编制以非交互模式运行的程序，无法用于艺术工程的创作。

　　由于使用早期的计算机系统创作动画和图像很不方便，

---

1　[德]赫伯特·弗兰克.计算机图形学：计算机艺术.慕尼黑布鲁克曼出版社.1971.P97.

许多早期的创作人员对创作作品的过程投入的努力要比对作品本身的内容和形式投入的努力多。许多早期的数字媒体艺术家更关心基于计算机的图像工具的开发，而不是他们作品的风格。尽管有这些限制，但这些艺术先锋们有效地使用了可用的技术，通过将"电子"和"抽象"结合起来，为后来的计算机艺术奠定了艺术与技术结合的基础，才有了今后数字媒体艺术兴盛繁荣的现实。

**计算机艺术的探索**

计算机艺术进入 20 世纪 70 年代后，开始出现了最早的计算机绘画软件。在 1972 年，由施乐公司的帕洛阿尔托研究中心（Palo Alto Research Center, 简称 PARC）的理查德·肖普（Richard G Shoup）博士编写了世界上第一个 8 位的彩色电脑绘画程序 SuperPaint，这是最早的图像编辑程序之一。SuperPaint 是一个革命性的程序——简单而直观，是所有现代绘画程序的父级——有 256 种颜色可供选择，从 1 670 万种中选择，一个调色板，一个颜色图，视频输入和视频输出，平板电脑和手写笔，可变画笔大小，动画、视频放大、图像转换、图像文件输入和输出，现代绘画程序的所有基础知识——最终在 1983 年获得了艾美奖（与施乐共享）。[1]

1974 年，美国布朗大学的安德里斯·范·丹和 IBM 公司的萨姆·马查在科罗拉多大学举办了第一届 SIGGRAPH 会议，这是由 ACM SIGGRAPH（美国计算机协会计算机图形专业组）组织的计算机图形学顶级年度会议。第一届 SIGGRAPH 会议就有来自世界各国的 600 多位专家和艺术家参加。此后，历年的 SIGGRAPH 会议都有上万名计算机从业者参加，是最权威的一个集科学、艺术、商业于一身的 CG 展示、学术研讨会，很多丰富的成果展示和流行的像素、图层、顶点等概念，最初大都是在 SIGGRAPH 上发表的学术报告，至今，SIGGRAPH 成为每年夏季计算机图像领域的一件盛事。

在 1979 年的"计算机绘图专业组"大会上，出现了两项具有突破性的技术：一是实现计算机图像真实感的关键技术"光线追踪法"；另一项是在"分形算法"基础上实现的分形自然表现技法。

AT&T 贝尔实验室的特纳·怀特发明了"光线追踪法"。"光线追踪法"是根据光照射的位置模拟光的反射，决定物

---

1　[美]理查德·肖普.使用数字图像存储器进行电视图形和动画的一些实验 [J].SMPTE 期刊 .1979.P88-94.

体的明暗，使物体更加真实。

分形算法、分形几何学的创始人是 IBM 的托马斯沃森研究所的法籍物理学家伯努瓦·曼德勃罗，他发表了表现自然山脉的计算机图像。

20 世纪 70 年代后期对传统二维动画的计算机辅助生产系统的研究也取得了重要的进展。第一部获大奖的数码动画短片是加拿大艺术家和动画导演彼得·福德斯（Peter Foldes）以关键帧技术为主制作的《饥饿／反饥饿（*Hunger/ La Faim*）》的 10 分钟数字动画短片，主题是关于富国和穷国的矛盾和世界性饥荒的问题。该电影也是第一部被提名为奥斯卡奖最佳短片奖的计算机动画电影。[1]

20 世纪 70 年代的数字艺术家中，琼·崔肯布罗德（Joan Truckenbrod）是其中最为杰出的一位女性艺术家。她在美国芝加哥的艺术学院的艺术和技术部门担任教授，是早期屈指可数的、具有完整艺术教育背景的计算机艺术开拓者之一。

因为她对数字艺术发展的杰出贡献，美国计算机图形图像权威机构 SIGGRAPH 在 1996 年正式认定她为计算机

---

1　[加]加拿大国家电影委员会. 我们的收藏：饥饿／反饥饿 [EB/OL]. http://onf-nfb.gc.ca/en/our-collection/?idfilm=10443.1974.2021-08-17.

图形学的先驱者之一，并在 SIGGRAPH 官方网站为她设计了艺术家介绍。她在 1998 年曾被邀请担任 SIGGRAPH 98 电子艺术展览（Elctronic Art Show）的主席。从风格上看，琼·崔肯布罗德的电脑绘画艺术已经开始摆脱传统数字艺术的抽象形式，并借助早期电脑图像合成技术实现人脸的拼贴。使数字艺术开始从抽象转向具象，并和立体主义、未来主义和达达主义拼贴艺术相吻合。特别是琼·崔肯布罗德借助计算机图像，将拼贴和数字摄影图像结合而产生具有深远意义的"数字蒙太奇"。通过数字切割、重组以及拼贴来产生矛盾空间和艺术情趣。

**数字艺术的兴起和发展**

20 世纪 80 年代，通过数字技术的发展与艺术产生了非常紧密的关系，因而在生活、娱乐、艺术、工作等各个方面都出现了不同的艺术表现形式，由计算机图形技术和多媒体设计的普及和深入，特别是图形图像多媒体技术的发展和成熟，给大众的视觉带来了与以往完全不同的冲击，出现了前所未有的数字化革命。

随着数字革命和计算机绘画软件的出现，计算机可以整合图像、声音、文本、影像，并可随意进行编辑，在艺术领域极大地帮助了艺术家从事数字媒体艺术创作和图像处理工作，激发了艺术家们的创作热情，因此，在 20 世纪80年代末出现了许多优秀的电脑绘画作品和电脑艺术插图。艺术家们已不再需要具备高深的计算机编程技能来进行艺术创作，而是运用新的观念、语言与呈现手段，通过借用、调转、再挪用数字技术，将艺术家的观察、思考与艺术创作结合创作出新的艺术形式，数字艺术革命令许多真正的艺术工作者开始投身到这一新的艺术媒体中。其中，早期计算机图形艺术家莉莲·施瓦茨（Lillian Schwartz）就是其中的佼佼者之一。她曾利用电脑，对比《蒙娜丽莎》和达·芬奇的自画像，发现两者很相似。眼神、微笑都一模一样，或许这就是达·芬奇的女版自画像。[1]

数字艺术家和艺术史专家罗曼·维罗斯特科（Roman Verostko），在20世纪80年代早期，开始沉迷于通过绘图仪打印的计算机算法绘图艺术，创作了代码生成的图像，称为算法艺术。1987年，Verostko开发了自己的软件，用于根据他在20世纪60年代作为艺术家开发的形式创意生成原创艺术。他的软件控制着一台被称为笔式绘图仪的机器的绘图臂，通过将毛笔固定到绘图仪上，设计出世界上

---

1　[美]Antoinette LaFarge.The Bearded Lady and the Shaven Man: Mona Lisa, Meet" Mona/Leo".[J].Leonardo: The Journal of the International Society of Art, Science, and Technology.1996. 卷 29 第 5 期 .

Mona Leo
Lillian F. Schwartz
1986
图源：Leonardo

第一个软件驱动的"毛笔"绘画作品，该绘图仪主要用于工程和建筑绘图。1995年，他与他人共同创立了Algorists与让·皮埃尔·赫伯特。[1]

罗曼·维罗斯特科非常喜欢东方艺术，他是1993年第四届国际电子艺术研讨会主席。鉴于其20年的教学和研究成就，1995年美国大都会艺术和设计学院（Minneapolis College of Art and Design）授予他"终身名誉教授"称号。他的作品多数盖有中国印章，体现了他对东方文化的热爱。

数字艺术家劳伦斯·盖特（Laurence Gartel）也是其中最优秀的一位。盖特在1977年毕业于纽约视觉艺术学院，从20世纪70年代后期就开始利用电脑进行数字拼贴艺术创作。早在1975年，他就尝试过利用电脑进行图像合成和数字绘画。在20世纪80年代中期，当艺术创作的硬件环境能够达到处理图像的美学表彰后，他的艺术创作显示了数字媒体艺术的特殊魅力。

在回顾过去20年中技术对艺术的重大影响时，劳伦斯·盖特写道："在过去20年里，作为一个电子媒体艺术家，我已经目睹了巨大的技术进步。这些技术是如何影响

---

1 [英]罗曼·维罗斯特科.算法美术：创作视觉艺术分数[M].伦敦.斯普林格.2002.P131-136.

当代艺术的？一个人可能会选择不理睬它或者勇敢地面对这种变化。我选择的是顺应历史潮流去挑战这种变化，否则时间之神也将迫使我们所有的人来适应这种技术进化的趋势。"

**数字艺术的繁荣**

在数字技术快速发展的前提下，各种艺术门类几乎都与数字技术产生了关联，其中最具普遍性和最先发生变革的就是影像艺术、影像装置艺术、数字特效。

20世纪60年代，艺术家们纷纷尝试用新的技术进行艺术创作的实验，自形式、材料、理念、空间等方面进行全面实验，随着时间的推移，影像艺术的面貌发生着深刻的变化。相机和数字技术的结合形成了数字艺术新的表现形式，与胶片的滞后性相比，数字摄影不仅能够即时观看，并且可以对其进行"真实"的修改，在摄影语言和形态上，通过后期的复制、旋转、添加等各种编辑功能，可以使影像艺术变得更加多样化，实现了空间和时间的跨越，甚至可以"以假乱真"。摄影艺术家杰夫·沃尔（Jeff Wall）在1993年以日本的浮世绘作品为蓝本，创作了数字摄影作品《一阵突然刮来的风（葛饰北斋之后）1993》，参照的是1832年日本画家葛饰北斋的浮世绘版画艺术作品《骏州江尻》。

《一阵突然刮来的风（葛饰北斋之后）1993》
图源：WordPress.com

　　视像装置艺术首先以观念为重，再结合表演艺术、身体艺术、声音艺术和激浪派艺术的其他方面，多媒体装置艺术成长起来，它既反映了艺术领域中的多种文物和思想，又挑战了以电视及广告为基础的媒体系统的发展。

　　韩裔美国人白南准（Nam June Paik）被认为是视频艺术的开创者。他首先使用视频媒体，将电视图像、装置甚至表演艺术相结合，开创了录像艺术的新形式——录像装置艺术。1964年，白南准在纽约与大提琴演奏家夏洛特·摩尔曼（Charlotte Moorman）合作以整合他的影像、音乐及行为艺术，在接下来的数年中他与摩尔曼合作了许多有名

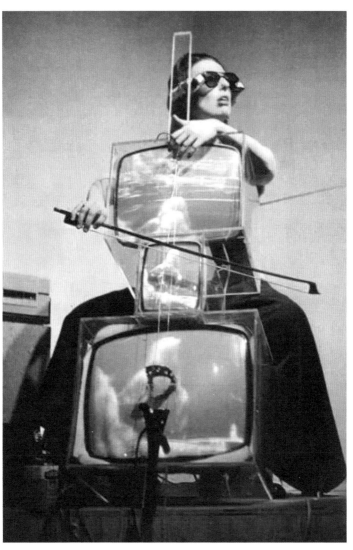

白南准（Nam June Paik）作品，《电视大提琴》（*TV Cello*，1971）

图源：Pinterest

的作品和表演，其中最著名的是白南准结合了录像艺术、装置艺术和表演艺术的综合性艺术作品《电视大提琴》。[1]

在《电视大提琴》中，两人将电视机堆叠成一台大提琴的形状。当摩尔曼"演奏"由电视组成的"大提琴"时，电视上出现她和其他大提琴手演奏大提琴的图像。这件作品将音乐、表演、装置、录像结合起来，带给观众耳目一新的体验，这也证明了影像艺术的先锋性与各种可能性，它也成为录像装置艺术的重要标志性作品。

数字技术的出现也成功地为电影打开了一个新时代。美国好莱坞一大批科幻电影在全世界风靡，正是源于数字技术带来的巨大影响力。《星球大战》《泰坦尼克号》《星际旅行》《侏罗纪公园》等大片的制作就是应用早期的"数字3D技术"。

《终结者 II》里的液态金属人 T1000，相信看过的观众肯定对这个角色产生了极其深刻的印象。银幕上那个自由流动变幻莫测的超炫怪物，正是由于运用了数字特效才产生了这种让人目瞪口呆的神奇效应。"由数字技术创造出来

1　[美] 所罗门·R. 古根海姆基金会. 影像艺术诞生的那一年 [EB/OL].https://www.guggenheim.org/blogs/the-take/the-year-video-art-was-born.2010-07-15.2021-08-17.

的角色"完全压倒了"由人塑造的角色",它在电影中成功应用的里程碑，带动了 20 世纪 90 年代美国电影广泛导入数字科技的新趋势。

作为运用数字技术拍摄的灾难电影《泰坦尼克号》，导演詹姆斯·卡梅隆更是投入了大量资金用电脑制作出冰海沉船的壮观场面，创下了全球票房收入 18 亿美元的最高纪录。凡是看过《泰坦尼克号》的观众，都会深刻感受到其数字化的特技效果在影片中的惊人效果。在《泰坦尼克号》获得的 11 项奥斯卡大奖中，除了电影界最关心的"最佳影片"奖、"最佳导演"奖外，其中"最佳视觉效果"奖则完全属于数字特技的贡献。

要制作出令人眩晕的史诗般的场景并非易事，在《泰坦尼克号》的制作过程中共动员了 350 台 SGI 工作站和200 台"阿尔法"工作站，以及 5 000 GB 的共享磁盘子系统，所有系统都通过网络连接。在整整两个月的时间里每天连续 24 小时进行数字特技制作，从未间断。这样，550 多台超级电脑连续不停地工作了两个月，生成了 20 多万帧电影画面。在数字特技制作中，先把电影镜头拍摄出来的图像进行数字化，制造出数字化的人、数字化的船、数字化的海洋、数字化的浪花和烟雾。在制作过程中，为了产生数字效果，首先要将胶片上拍摄的每帧原始图像扫描后送入计算机中，并以独立文件存储。然后数字艺术家们在工作站上利用专门的软件，根据影片镜头提取和生成数字图像元素。生成了全部的数字图像元素后，数字艺术家们还要让各个数字图像元素颜色使之和原始相片一致。

这样大规模的数字特效制作最后产生的艺术效果也是惊人的。尽管这艘巨轮是用模型做出来的，远景中船上的旅客、海中的海豚、船行进中激起的浪花乃至远天的背景也都是用电脑合成出来的，但观众在观看电影时，却不会对这些从未真实存在过的景象感到怀疑。同时，在长镜头的表现上，由于有电脑特技的帮助，导演可以表现出原来根本无法拍出的效果。

**数字艺术的多元化**

数字虚拟技术的产生，使得许多抽象的哲学概念或是虚构的观念可以通过数字影像视觉化、具象化，各种主题的观念文本也都可以通过数字媒体艺术文本的模拟功能加以形象化。

如今，数字与虚拟的概念对大多数人来说已经不再如10多年前那样陌生，因为越来越多的各种虚拟技术的应用，已经无所不在地渗入人们的日常生活，数字（新媒体）艺术作品已经越来越频繁地出现于当代艺术创作与展览中。

数字虚拟艺术是通过利用计算机建模技术、空间、声音、视觉跟踪技术等综合技术生成的集视、听、嗅、触、味觉为一体的交互式虚拟环境，产生了由静态观看的作品发展到动态式的体验。"沉浸"这个词则生动地描述了观众在与这些艺术作品互动时的体验状态。2010年，上海世博会上被视为中国馆镇馆之宝的百米动态版《清明上河图》以数字虚拟艺术给观众朋友们带来了前所未有的交互式体验，让人们感受到高新科技与传统艺术结合产生的神奇魅力。

**人工智能艺术**

人工智能艺术（Artificial Intelligence Art），是指使用人工智能软件创作的艺术品。随着艺术的不断发展，艺术的边界不断发生变化。有一些艺术家已经在科技原理和 AI 逻辑的启发下进行艺术创作，艺术与科技的结合越来越紧密。在过去的几年，人工智能甚至已经席卷了艺术界。

2018年10月，佳士得拍卖行在纽约以43.25万美元（约人民币 300 万元）的价格售出了一幅由人工智能绘制的画作 *Edmond de Belamy*。画作的右下角还有一个奇怪的署名，标志着这幅画真正的作者为一串算法公式，该作品的拍卖

资料图：人工智能画作 *Edmond de Belamy*
图源：佳士得拍卖行官网

被认为"人工智能艺术进入了世界拍卖舞台"。[1]

　　2019 年 3 月 6 日，苏富比拍卖行拍卖了一件名为《路人回忆 I》（*Memories of Passersby I*）的艺术装置。该装置由一个内置人工智能"大脑"的木制餐具柜和两块屏幕组成。其中，人工智能利用数千幅 17—19 世纪的肖像画进行训练，并通过大量神经网络以类似于人类思维的方式继续

---

1　[ 美 ] 加布·科恩 . 佳士得的人工智能艺术品以 432,500 美元成交 [N].
　　纽约时报 .2018 年 10 月 27 日印刷，纽约版 C 部分，第 3 页 .

马里奥·克林格曼，《路人回忆 I》（2018）

图源：Thetimes.co.uk

学习，其产生的肖像作品会分别呈现在与"大脑"相连的两块屏幕上。[1]

　　传统的画作中，艺术家们将自己对生活的感知与领悟，融入作品之中，赋予它们灵魂，这是人工智能艺术所达不到的，但是人工智能的发展在不断演化，它们通过学习各

---

1　[ 美 ] 苏富比首场人工智能艺术品拍卖未能引发机器人热潮，仅以 51 000 美元成交 [EB/OL]. 全球艺术市场资讯快报 .https://news.artnet. com/market/artificial-intelligence-sothebys-1481590.2019-03-06.2021-08-17.

类画作的特征进行分析，以此来区分画像风格，用 AI 算法模型进行艺术创作。

现今摆在我们眼前的人工智能艺术作品中，不乏优秀的范例，而人工智能艺术进入艺术拍卖行业，可以说是人工智能艺术发展迈进的一大步。人工智能正在艺术的道路上越走越远，然而，未来人工智能艺术是否真的可以被称之为艺术品，人工智能艺术的价值是否能被多数人接受，这些将留给时间去验证。

计算机艺术诞生 60 年，数字艺术亦发展了 30 多年，沃土来自虚拟世界的繁荣。年轻的数字原住民从来没怀疑过机器和人的对抗，它们与技术天然衔接。也因此，数字艺术的主要灵感来自动漫、电脑游戏和漫画书。我们也应理解在物理世界浸染太长时间的人们的忧虑。讨论的焦点实则是谁掌握了资产再分配的权利，也许物理生命更长的人们会获胜，承载新型能量的技术和机器，只需源源不断地从人类大脑萌发，在工厂流水线上被生产出来。

区块链是一个共享数据库，安全地"分布式记账"着谁拥有某些数字资产和所有权转移的记录。区块链有两层，一层是信息，一层是价值。NFT 加载了额外信息，使得它们能够以 JPGS、MP、视频、GIF 等形式吸纳艺术、音乐、视频等形式的创作。也因为它们具有价值，所以它们可以与其他类型的艺术品一样被交易。艺术的思辨能力与区块链自身的嵌合特性之间存在着一种可细思量的等价关系。艺术和区块链都在努力应对创作者身份和真实身份的不稳定性。很多时候，加密艺术创作并不来源于专业的艺术家，而其艺术性则更多体现在传播这个过程当中。

## ◇ 对加密艺术价值的认知与发现 ◇

数字艺术已经存在 30 多年，但相对于实体作品，创作者难以享受到同样的货币化所带来的益处，也就是说，他们的作品并不能转化成金钱。为什么呢？

决定艺术价值的关键是真品。在艺术品市场，真品是价值的核心。如果不是真品，即便模仿度高达 99%，也没有多大的价值。人们可以模仿文森特·梵高的《星空》，制造出肉眼几乎分辨不出来的作品，但这个《星空》没有多大的价值。

而数字艺术品，可以完美复制和分享，比如图像、视频等，是很容易被复制的，并且，以前在法律层的执法之外，没有办法去确定数字艺术品的版权以及追查数字艺术品的转移，因此数字艺术品的收藏价值难以被认可。

NFT 的出现，为这个问题提供了解决思路。如果创作者把数字作品发行了 NFT，这个 NFT 就代表了对这个作品的所有权，本质上是确定了该数字文件（作品）在数字环境里作为"虚拟物或虚拟资产"的排他唯一性，为数字作品的确权认定提供了有效的技术解决方案。通过这个NFT可以观察到每一个曾经持有它、出价或转让它的地址，从而追溯其原件。

任何艺术家的数字作品，只要以NFT的形式存在，它就是独一无二的，甚至连创造者本人也无法篡改、复制，它具有唯一的稀缺性。NFT解决了数字作品的所有权以及其数字化的稀缺性，数字艺术家第一次可以将证明稀缺的数字作品"标记唯一"，解决了数字艺术品的收藏价值与权属问题。

并且，加密艺术提供的创意性是其他媒介无法比拟的，无论是备忘录、GIF还是VR装置。数字艺术的创作面很广，站在艺术史的角度来看，作为艺术与科技结合最为紧密的数字艺术，已经创造出了一种新的艺术形式或者风格流派。通过将这些作品与带有收藏和投资潜力的所有权代币联系起来，更多的艺术家、投资者、收藏家和评论家正在进入加密领域。[1]

---

1　币圈无知.NFT. 一文告诉你，什么是加密艺术？ [EB/OL].https://zhuanlan.zhihu.com/p/263554336.2020-10-09.2021-08-17.

蒂娜·里弗斯·瑞恩（Tina Rivers Ryan）是纽约州布法罗市奥尔布莱特·诺克斯美术馆（Albright·Knox Art Gallery）策展人，也是一名媒体艺术史学家。对于加密艺术的金融与美学价值，以及加密艺术与NFT的关系有较为深刻的认识。

区块链被用于制造比如比特币这样的同质化加密货币，也被用于制造非同质化的"代币"。代币可以视为特定资产的一种代理形式，这种资产可以是有形的，也可以是数字的，甚至可以是网上免费使用的文件。这些代币，或者NFT（非同质化代币）被当作契约书来交易，却几乎不赋予法律上的所有权，并且，它们代理的资产多数并没有被安全地存放，实际等于把所有权的概念从管理的责任中剥离出来，并将之缩减为"吹嘘权"。换而言之，大多数NFT实际上是建立在艺术家个体品牌上的金融工具；比起你手中一般的蓝筹绘画作品，它更像马塞尔·杜尚1919年付给自己牙医的《赞克支票》（*Tzanck Check*），后来他用高于票面价值的钱买回了这张手写的假支票。代币化数字收藏品最早的线上市场出现于2018年，紧跟在用区块链技术将人造稀缺（artificial scarcity）变现的尝试之后，凯文·麦考伊（Kevin McCoy）和阿尼尔·达什（Anil Dash）于2014年创

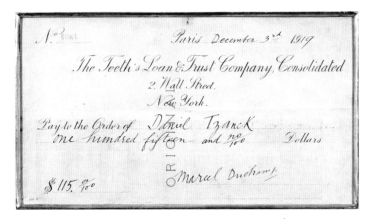

马塞尔·杜尚,《赞克支票》,1919,纸上墨水,$8\frac{1}{4} \times 15''$.
图源:ARTFORUM

建的"Monegraph"项目就是后者的代表。但只有当2020
年年末数字货币的价值飙升的时候,代币化数字艺术的一
级和二级市场才清晰地浮现出来,而且几乎是在一夜之间。
2021年春天,各大拍卖行和画廊一拥而上,导致了不断升
级的两极化争论:一部分人相信NFT可以革新传统艺术市
场;另一部分人持反对意见,认为NFT平台基本只是在复
制甚至加剧艺术市场最糟糕的一面。数字艺术则成为这场
讨论的核心,它们平时在一个复杂的生态系统中流通,时
而与主流当代艺术世界发生交叉,现在因为NFT出现了受
益的可能性——但也有可能因此受损。

代币化艺术持续增长的市场常被用来辩护数字艺术的

美学价值。诚然，NFT 使得很多数字艺术家，尤其是那些没有传统美术教育背景的艺术家靠作品赚到了以前从来没赚到过的钱。但是驱动多数 NFT 藏家的，似乎更多是金融机遇或是粉圈，而非鉴赏能力。而且这些藏家们显然没意识到数字艺术是一个拥有数十年历史的广阔领域。数字艺术为争取自身合法性的努力不是 5 年或 10 年前才有的，而是至少可以追溯到 1965 年，当时贝尔实验室的研究员迈克尔·诺尔（A. Michael Noll）和贝拉·朱尔斯（Béla Julesz）就在争辩他们用电脑生成的构图（在纽约的 Howard Wise 画廊展出，那也是美国第一个数字艺术展览）应该被叫作"艺术"还是"图片"。目前所谓的"加密艺术"——这一名称把交换行为和交换对象融为一体，让人误以为 NFT 本身就是一种艺术媒介——是非历史的，其对话对象更多是当代线上文化平滑的无限镜像，而不是数字艺术经过反复折射的历史。很能说明问题的是，许多围绕 NFT 展开的对话都忽视了许多在过去 10 年中把区块链作为一种技术、经济、社会和美学系统检视的艺术家，比如马特·凯尼恩（Matt Kenyon）、西蒙·丹尼（Simon Denny）和阿丽雅·迪恩（Aria Dean）。同样遭到忽视的还有许多很早就开始使用普通合同和法币售卖数字艺术的画廊（包括纽约的 Postmasters 和 Pasadena，加利福尼亚的 and/or）和艺术家

（包括 Olia Lialina 和 Rafaël Rozendaa），更不要说摄影和概念艺术市场的历史了。也可以说，NFT 的结构本身让数代艺术家利用电脑和互联网扩展审美"对象物"之定义的努力化为乌有：因为它永远都指向单个资产，相当于间接把稳定的、单一的艺术作品推崇为理想，而排挤了离散的、互动的、偶发的、迭代的、稍纵即逝的数字项目所涉及的混乱现实。

虽然奉行当下主义，但加密社区至少被一件艺术史中的作品吸引。为他们提供灵感的不是某件数字艺术作品，也不是杜尚的《赞克支票》，或者沿着这条思路，再算上杜尚 1924 年的作品《蒙特卡洛债券》（*Monte Carlo Bond*）以及数以百计的《手提箱里的盒子》（*Boîtes-en-valise*），后者在功能上堪称非同质化复制品。NFT 艺术家和藏家对上述先例一概不感兴趣，他们最爱引用的是杜尚 1917 年的作品《泉》，他们相信这件作品把所有"非物质"形态的艺术都合法化了，包括数字艺术（非物质性是一个区块链拥护者持续提起的话题：代币化艺术最流行的交易货币叫作以太，一个掩饰了背后驱动所需的巨大能耗的名字）。当然，从 20 世纪 60 年代开始，人们就已经开始把观念当成艺术，但是加密艺术比起概念来更注重视觉；其中最成功的艺术家，实际是极端迷恋 3D 渲染图的虚拟物质性的。这种对

阿丽雅·迪恩，《黑匣子》，2017，蚀刻有机玻璃，6 × 12 × 10"
摄影：Paul Salveson.
图源：ARTFORUM

非物质性的强调正说明用NFT销售数字艺术中存在的倒错，而最清楚地阐明了这一点的不是杜尚或者其他数字艺术家，而是伊夫·克莱因（Yves Klein）。在他 1958 年的展览"虚空"（"Le vide"）（展览在一个空的展厅里展出了一个空的展柜，除此之外没有其他任何东西）中首次亮相的《非物质图像感性区域》（*Zones desensibilité picturale immaterielle*，1959—1962）将审美对象置换为一种非物质的景观——暗示所有艺术的真正媒介都只不过是我们与世界之间关系的再定位。当藏家购买了这件（可以无限复制的）"作品"中的其中一版时，他们只会收到一张纸质收据。但克莱因声称，藏家如果想要真正地拥有《非物质图像感性区域》这件作品，必须把这张（字面意义上的）"代币"烧掉，只有这样，作品才能成为藏家"感性"的一部分，而且无法被转售。对比克莱因的《非物质图像感性区域》和代币化数字艺术，可以清晰地看出后者其实与"非物质化"相距甚远，不只是因为它们依赖于硬件系统和资源攫取，更因为NFT——如果不是在实践中，至少在理论上——把数字艺术重新回收到了源于实物交换价值的稀缺性框架之中。通过要求藏家烧毁收据，克莱因让他的非物质作品脱离流通，只留给藏家一种感性；而 NFT 如同收据的复仇，除了资产什么都没留给藏家。最终结果不仅仅让数字艺术变得贫瘠——数字艺术曾经批判网络的商业化，诘问虚拟世界的现象学——也让艺术变得贫瘠。事实就是如此！

NFT 的拥护者援引瓦尔特·本雅明（Walter Benjamin），主张区块链为数字艺术增添了"灵晕"（aura），在往往对其嗤之以鼻的传统艺术市场里提升了它们的价值。但本雅明的结论是，正因为摄影摄像等复制技术造成艺术品灵晕的消失，美学才有可能被动员参与到激进政治里。这表明，NFT 非但没有提升数字艺术的价值，反而把它们贱卖了：在数字艺术刚刚可以推进一些有关去中心化、自我主权（这些都是正在形成中的基于区块链的 Web3 的重要特征）等新选项的讨论之时，NFT 把所有权和平台资本主义物象化了。2017 年，艺术家 Mitchell F. Chan 创造了一个区

伊夫·克莱因，《雅克·库格尔购买非物质图像感性区域所得收据，系列 n°1，区域 n°02，1959 年 12 月 7 日》，打印纸上墨水，31/2 × 7″。© Succession Yves Klein c/o Artists Rights Society（ARS），New York/ADAGP, Paris.

图源：ARTFORUM

块链版本的《非物质图像感性区域》，让我想起罗莎琳·克劳斯（Rosalind E. Krauss）在她 1998 年的著作《关于毕加索的论文》（*The Picasso Papers*）开篇中，把现代主义的开端和 20 世纪最初 10 年对于金本位制崩溃的恐惧联系在一起：它们都源于人们突然意识到再现是偶然、任意的。失去了对摹仿（mimesis）的信心，现代主义艺术家开始用其他方法去驱动他们的构图。而在 2008 年经济危机过去 10 多年后，代币化艺术所呼应的与其说是早期抽象主义的革命策略，不如说是 20 世纪 20 年代发生的"秩序的回归"——不单因为它固执于自然主义具象，还因为它反动地试图借助不会失效的区块链（背后起支撑作用的不是黄金和法币，而是代码）来锁定意义。它的拥护者不管怎么说，区块链都不是中性的：所有技术都不可避免地反映了其创造者的意识形态，既有可能解决现存的社会问题，也有可能让问题加剧（正如 Hito Steyerl 在她 2016 年关于艺术和区块链的文章中警告的，互联网"孕育出来了优步和亚马逊，而不是巴黎公社"）。面对基本被金融和技术领域投资者控制而没有任何监管的 NFT 市场，我们最好依靠自己的双手来塑造数字艺术的未来——还有它所依赖的技术的未来。

为此，我们或许要更仔细地考察支持和传播数字实践的替代性模式。纽约的 Electronic Arts Intermix 和 Rhizome，伦敦的 Furtherfield 等非营利组织在这方面都已经小有成绩。我们也应该借鉴在 NFT 掘金潮之前就致力于推广数字艺术，并成功度过了前几次炒作风浪（包括互联网泡沫，以及 2016 年 VR 热）的画廊的智慧。这个 4 月，TRANSFER 和 left.gallery 合作了一场名为"我的碎片"（"Pieces of Me"）的线上群展，里面展出了 50 余位艺术家的作品的"代币"。藏家可以用普通合同和法币或者加密产品（NFT 可选）来购买这些作品，艺术家会收到 70% 的分成。这些作品的收藏证书约定艺术家会在二次销售中再收到 50% 的版税——远超过大多数 NFT 平台上微薄的 10% 的版税。那些选择把他们购买的作品"铸币"的藏家必须支付铸造这张艺术家凭证产生的费用。除了直白地把艺术家个人的收入最大化，这个展览还把全部销售金额中的30%平分给所有艺术家以及参与制作的工作人员，颠覆了艺术世界的经济运行规则。"我的碎片"隐含的意图是要讨论是否有可能将数字艺术领域本身视为一个"分布式网络"（distributed network），来重新分配资源，而不是集中资源。但是这么做要求我们集中精力在创造而不是获利上，也要集中在支持集体主义、行动主义和新的存在方式的协议标准上——这些自始至终都是数字艺术的核心。[1]

---

1 [美]蒂娜·里弗斯·瑞恩.代币套路：蒂娜·里弗斯·瑞恩谈NFT[EB/OL].中文网.https://www.artforum.com.cn/print/202104/13327.2021-05-11.2021-09-01.

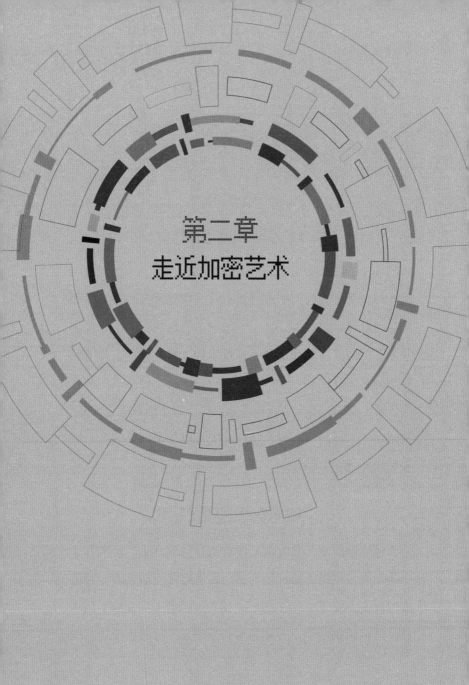

第二章
走近加密艺术

# 加密艺术

## ◇ 什么是加密艺术 ◇

当今，对加密艺术这个概念尚没有一个准确、全面、清晰的定义，但目前加密艺术家及其收藏家之间存在两种常见的解释。第一个，关于以加密为主题的艺术品，或那些主题围绕区块链和加密货币技术的文化、政治、经济或哲学的艺术品。第二个也是更流行的定义，包括以不可替代代币（NFT）的形式直接发布到区块链上的数字艺术品，这使得艺术品的所有权、转让和销售以加密方式成为可能安全和可验证的方式。

## ◇ 加密艺术的共识 ◇

虽然对加密艺术的定义没有达成一致意见，但是有一个基本的共识是，加密艺术是与区块链技术相关的一类艺术。目前主要通过 NFT 方式，将传统的艺术品或数字艺术品铸造在区块链上，实现艺术品的加密、持有和流通。加密艺术品与传统艺术品相比，能够确认艺术品的独一无二性，并能对其创作者及历任所有者做出明确的辨识，正因其所有权、独特性、收藏品和数字稀缺性的特点，加密艺术被赋予额外价值，通常也被认为是一种数字资产形式。

按照现在社区和用户的共识理解，现阶段加密艺术主要有以下几个特点：

❋ 去中心化：由区块链技术支撑，艺术品确权或者存储在去中心化的区块链上，由持有者真正拥有，艺术家可以不受限于第三方或中间人进行发行；

❋ 无需许可：任何人（无论种族、国籍、地理位置）可以进行交易，转移，甚至销毁；

❋ 宽泛的艺术形式：不拘泥于图片形式，可以是动图gif、影像，目前也已经发展出了可编程的艺术品形态；

❋ 开放和有效的价值衡量：艺术品的价值取决于用户的喜好以及开放交易市场的自由交易价格。

## ◇ NFT的价值共识 ◇

关于 NFT 价值的共识包括：

1. NFT 和包括比特币在内的其他任何一种同质化代币一样，都是一种价值载体。

2. NFT 提供了一种全新的、数字化的权利形式，是所有权确权的数字工具，是保障创作者利益的工具。比如，元宇宙项目 Decentraland 中每一块虚拟土地都可以 NFT 的形式进行交易，而拥有这个 NFT 的所有者则拥有了该地块的所有权。

案例：Decentraland

Decentraland 是一个由以太坊区块链提供支持的去中心化虚拟现实平台。在 Decentraland 平台内，用户可以创建、体验和货币化他们的内容和应用程序。

Decentraland 中有限、可穿越的 3D 虚拟空间称为 LAND，这是一种不可替代的数字资产，保存在以太坊智能合约中。玩家可以在 Decentraland 的主体世界里参观其他玩家拥有的建筑、参与位于各建筑内的活动与游戏、触发一些特殊剧情（捡到收藏品等）、和其他偶遇的玩家通过语音或文字对话，操纵自己的 Avatar 在这个虚拟世界里尽情畅游。而且，还可以发挥创造力，通过 Decentraland 提供的制作器（Builder）创建属于自己的建筑，把它置于自己的世界里或对外销售。此外，也可以前往市场（MarketPlace）中购买现成的建筑、装备等应用内物品。

Decentraland 中使用的代币为采用 ERC20 格式的 MANA。用户可以通过 MANA 购买 Decentraland 中最重要的资产——土地（LAND），以及其他出现在这个世界里的商品及服务。

LAND 是 Decentraland 内的 3D 虚拟空间，一种以太坊智能合约控制的非同质化（ERC721）数字资产。土地被分割成地块（parcel），并用笛卡尔坐标（x,y）区分，每个土地代币包括其坐标、所有者等信息。每个地块的占地面积为 16 m × 16 m（或 52 ft × 52 ft），其高度与土地所处地形有关。地块永久性归社区成员所有，可以用 MANA 购买。用户可以在自己的地块上建立从静态 3D 场景到交互式的应用或游戏。一些地块被进一步组织成主题社区或小区（estates）。通过将地块组织成小区，社区可以创建具有共同兴趣和用途的共享空间。

Decentraland 的中心内容是艺术作品，并且还有专门用于展示数字化艺术品的地方。Decentraland 的特色之一便是博物馆区的设置，旨在成为 Decentraland 的加密艺术热点，也是世界上参观人数最多的艺术场所。而博物馆区可能是 Decentraland 上最令人瞩目的用例，充分体现了用户为中心所有权的核心特色。对于藏品来说，所有权无疑具有极大的吸引力，这也是未来加密领域发展的大趋势。

Opensea 数据显示，截至 2021 年 7 月，Decentraland 的 NFT 总销售量位居第 4，6 月的销售额超过 1 360 个 ETH，约合 227 万美元，这个已经上线接近一年半的虚拟现实游戏被市场看作 NFT、元宇宙的代表作。

3. 一切有价值的东西，皆可上链，其形态就是 NFT。包括版权、艺术品、文体收藏、房产、证券、虚拟资产、情感表达等皆可以 NFT 形式上链。

4. NFT 可以极其便利地进行点对点的交易，流动性非常强。

5. 在一定情况下，NFT 可以成为保值增值的工具或标的。比如，在 Axie Infinity 游戏中，Axie NFT 可以通过繁育获得更多收益。NFT 增值的功能得到极大的追捧。[1]

**案例：Axie Infinity**

Axie Infinity 是一个以"精灵宝可梦"为灵感而创造出的世界，任何玩家都可以通过娴熟的游戏技巧和对生态系统的贡献来赚取代币。玩家可以控制自己的宠物进行战斗、收集、养成并为它们建立一个王国。Axie 所有的艺术资产基因数据都可以被第三方轻松访问，社区开发者可以在 Axie Infinity 宇宙中构建自己的工具并拥有独特的游戏体验。Axie 是一款好玩的游戏，而且由于早期的成功带来了

---

1 区块链研习社 . 读懂 NFT：为什么说未来它将在崛起中分化 [EB/OL]. 火星财经 .https://news.huoxing24.com/20210811093758437830.html.2021-08-11.2021-08-17

092

具有极强凝聚力的社区和通过玩游戏赚钱的机会，它也具备了社交网络和就业平台的特点。

游戏玩法包括：

【战斗】2018年10月，Axie核心团队发布了第一个建立在Axie游戏资产之上的战斗系统。该战斗系统被设计为"闲置战斗"系统，灵感来自"最终幻想战略版"和"放置奇兵"等游戏。Axie团队于2019年3月开始开发实时卡牌战斗系统和应用程序。截至2020年10月，该应用已经积累了超过15 000次下载，周活跃用户超过7 000人。

【锦标赛和电子竞技】由于具有技巧性和竞争性，Axie Infinity战斗系统非常适合电子竞技。我们认为，这是未来发展的关键，并且我们已经看到在发现可以赚到钱时，玩家的参与度有多高。Axie的玩家已经通过核心团队或第三方赞助商举办的众多赛事赚取了价值数千美元的加密货币。

【繁殖】和现实世界的宠物一样，Axies可以通过繁殖来创造新的后代。为了避免Axies数量过度增长，Axies繁殖次数被设定为最高7次。繁殖一只Axie需要花费2 AXS和一些爱情顺滑剂（SLP），爱情顺滑剂（SLP）的具体数量取决于Axies的已繁殖次数。每只Axie的身体框架由6个部位组成。Axie的每个部位都受3个基因控制，分别是一个显性基因（D）、一个隐性基因（R1）、一个次隐性基因

（R2）。

Axie 与传统游戏的关键区别在于，区块链经济被设计用来奖励玩家对生态系统的贡献。这种新的游戏模式被称为"Play to Earn（边玩边赚）"。在新冠肺炎疫情大流行期间，Axie 吸引了成千上万来自发展中国家的玩家来追求新的收入来源。这些玩家中有许多是从未使用过区块链技术的父亲、阿姨，甚至是祖父母。玩家可以通过以下方式赚钱：

* 参加 PVP 战斗，赢得排行榜上的奖项。
* 培育 Axies 并在市场上出售。
* 收集和投机稀有的 Axies，如 Mystics 和 Origins。
* 耕种 Axies 所需的爱情顺滑剂（SLP）。SLP 可以在 Uniswap 和 Binance 等交易所出售。

其经济活动目前依赖于两个功能——战斗和繁殖。一场战斗需要玩家带领一个由 3 个 Axie NFT 组成的 Axie 团队进行，获胜后会获得 Smooth Love Potion（SLP）作为奖励。该游戏有一个排名机制，每月排名靠前的玩家将获得一部分 AXS 代币。

Axie 是一个 100% 由玩家拥有的真实货币经济。游戏的开发者没有出售游戏物品或副本，而是专注于发展玩家对玩家的经济，并收取小额费用来实现盈利。Axies 是由玩家使用游戏中的资源（SLP 和 AXS）创造的，并出售给新的或其他玩家。你可以把 Axie 看成一个拥有真实经济的国家。AXS 代币的持有者是获得税收的政府。游戏的发明者或建造者 Sky Mavis，持有所有 AXS 代币的 20%。游戏资源和物品被代币化，意味着它们可以在开放的点对点市场上出售给任何地方的任何人。

# 加密艺术的发展历程

　　追溯加密艺术的发展历史，我们可以从一个概念溯源说起。1993 年，Hal Finney（哈尔·芬尼）在 CompuServe 上与 Cypherpunks 小组分享了一个有趣的概念，即加密交易卡（Crypto Trading Cards），这是加密艺术载体 NFT 的概念雏形。2011 年，美国人 Mike Caldwell 制作了一种实体硬币叫作卡萨修硬币（Casascius Coins）。这枚硬币可以看作加密艺术的一个雏形。每一枚卡萨修硬币呈现了正反两面信息：一面是全息图；另一面则有一张贴纸，贴纸里嵌入了一个比特币地址和一个"私钥"。用这个私钥就可以打开对应的比特币钱包地址，并获得和卡萨修硬币面额相等的比特币数量。这枚硬币同时承载了"设计艺术"与"比特币信息"两个特征，并且具有一定的"唯一性"，与今天的 NFT 有异曲同工之处。

　　2012 年 3 月，第一个类似 NFT 的代币 Colored Coin（彩色币）诞生。一个名为 Yoni Assia 的人写下了 *bitcoin 2.X（aka Colored Bitcoin）-initial specs*（《比特币 2.X（又名染色比特

Casascius Coin
图源：bitcoinist.com

币）—初始介绍》的文章，描述了他关于 Colored Coin 的
想法。Colored Coin 由小面额比特币组成，最小单位为一聪
（比特币的最小单位）。Colored Coin 展现出现实资产链上的
可塑性及发展潜力，奠定了 NFT 的发展基础，这被认为是
NFT 概念的萌芽。

2014 年，英国艺术家 Rhea Myers 在她的网站上发布
了她创作的艺术项目《以太坊——此合约是艺术》。该项目
使用了具有 JavaScript 元素的网络合约，允许用户在 Myers
的网站上运行 JavaScript 脚本时，可以在"此合约是艺术"
和"此合约不是艺术"的画面之间来回切换。这种有点行
为艺术味道的艺术表现形式，是最早能将网络合约与艺术

建立联系的范例。

2016 年 8 月，Counterparty 与北美销量第四纸牌游戏 Force of Will 合作在 Counterparty 平台发行卡牌。该事件之所以重要，是因为 Force of Will 是一家此前毫无区块链和加密货币经验的大型主流公司，此次合作表明主流游戏公司将游戏资产带入区块链的价值，是一次具备象征意义的探索与尝试。要谈及真正与区块链发生关联的加密艺术工具，就是 2016 年 Joe Looney 创建的 The Rare Pepe Wallet。The Rare Pepe Wallet 创造了许多个第一：第一个可以在区块链上购买、出售、交易或销毁艺术品的区块链社区；第一次将稀缺的数字艺术品搬运到物理介质上；第一次创造出与区块链相关的数字艺术品，突破了以往数字艺术品只能在电脑这样的设备上呈现的状态。

当然，以上这些项目仅仅是使用了区块链技术，仅仅是利用区块链上的元素创造艺术，还都没有使用到 NFT。直到后来，以太坊诞生了 NFT，彻底加速了加密艺术的发展进程。至于哪个项目是首个 NFT 艺术项目，目前业界还存在争议。比如，早先有 MoonCatRescue 等 NFT 项目，但是从标准化的代币模型、艺术生成方式、链上数据存储方式以及对以太坊网络产生重大影响这几方面考量，没有其他项目可以像 Larva Labs 开发的 CryptoPunks 这么具有影响力。

2017年6月22日，John Watkinson和Matt Hall两位本是计算机技术领域的专家意识到他们可以创造一种原生于以太坊区块链上的独特角色，决定通过细微的改动来创建属于自己的NFT项目CryptoPunks。角色人物原生于以太坊，并且两个人物不能相同，总量上限为10 000，只要拥有以太坊钱包，任何人均可免费索取CryptoPunk虚拟角色人物，所有10 000个Cryptopunks迅速被认领，并由此造就了一个繁荣的Cryptopunks二级市场。人们在那里交易Cryptopunks。有趣的是，因ERC721标准当时尚未建立，CryptoPunks并未遵循ERC721标准，由此局限性，其虚拟角色人物不完全为ERC721。因此，CryptoPunks构建虚拟角色人物的技术标准可描述为ERC721和ERC20的混合体。至于后来发生了什么，本文前述已提到，CryptoPunks的NFT在拍卖行以创历史的天价成交。随后，加密艺术市场进入了发展快车道。

2018年2月14日，加密艺术家Kevin Abosch使用了一种类似投票的系统出售了他的ERC20代币作品 *Forever Rose*，有10名投资人花费了1 000 000美元购买了这件加密艺术品。这在当时，也创造了最大的单件数字加密艺术

Forever Rose（Kevin Abosch, 2018）

图源：Sotheby's 拍卖官网

销售额。[1]

2018 年 7 月 17 日，著名的佳士得拍卖行举行了第一次艺术 + 技术峰会，深入探讨了区块链在艺术市场中的潜在应用，峰会引发了一个重要的讨论焦点，即：艺术界是否准备好迎接区块链应用。加密艺术成为艺术市场上一个严肃且不可回避的议题。其中区块链 + 艺术的一个标志性的事件就是，2018 年 9 月 6 日，美国著名视觉艺术家安

---

1  [ 中 ]INSIDE. 专访摄影大师：艺术将被区块链分割、扩散，永远存在 [EB/OL].https://www.inside.com.tw/article/12044-interviewing-kevin-abosch-about-blockchain-and-art.2018-02-22.2021-08-17.

迪·沃霍尔（Andy Warhol）创作的一幅两米高的油画《14把小电椅》在区块链艺术投资平台 Maecenas 上进行拍卖，在拍卖会上，《14把小电椅》被转换成基于以太坊的数字证书，买家能够使用 ETH，BTC 或 Maecenas 自己的加密货币 ART 竞拍。最终价值大约 170 万美元的加密货币在拍卖中获得了该艺术品 31.5% 的股份。[1] 至此，加密艺术迎来了"制作（基于加密技术）+ 交易（FT 购买）"的新发展阶段。在这样一个背景下，Larva Labs 在以太坊区块链上带来了另一个成功的项目 Autoglyphs，这种基于 ERC721 铸造的 NFT 象形文字艺术品，是以太坊上的第一个链上生成的艺术品，并启动了链上生成的 NFT 运动。

自 2018 年到 2020 年，NFT 市场规模增长了 825%，活跃地址数增长了 201%，买家增长了 144%，卖家增长了 113%。虽与其他加密货币市场相比，NFT 市场交易量较小，但其发展趋势显著。DappRadar 报告显示，2020 年 NFT 市场交易量增长 785%，达到 7 800 万美元。2021 年，NFT 开始爆发式增长，据 NonFungible 数据显示，2021 年第一季

---

1  [ 美 ]RealWire.First ever multi-million-dollar artwork tokenised and sold on blockchain.[E.B/OL].https://www.realwire.com/releases/first-ever-multi-million-dollar-artwork-tokenised-and-sold-on-blockchain.2018-09-05.2021-08-17.

度，艺术领域 NFT 交易额达到了 8.6 亿美元，占全球 NFT 市场规模的 43%。第二季度 NFT 数字艺术品销售总额更是创下新高，销售额达到 25 亿美元（约合人民币 161.6 亿元）。Opensea，superrare，makersplace 等主流加密艺术平台开始涌现并迅速被艺术品收藏者广泛接受。

从上面这些典型的事件和案例中可以归纳出加密艺术发展的一个简明逻辑，即：艺术品与区块链应用比特币进行弱关联（将比特币价值嵌入艺术品实体），早期区块链艺术品交易形态萌发（在早期区块链社区交易艺术品），艺术品通过 NFT 与区块链强拥抱（NFT 热潮催生了加密艺术品被大众认知并接受），加密艺术成为主流艺术品交易市场不可忽视的一个力量（拍卖行屡屡拍出天价加密艺术作品），NFT 艺术生态已渐次成型，链上生成艺术品并融入区块链生态将成为今后加密艺术发展的一个重要趋势。

# 加密艺术的类别

从加密艺术的创作来源来看，加密艺术可以分为原生加密艺术与非原生加密艺术。

## ◇ 原生加密艺术作品 ◇

原生加密艺术作品是由创作者使用数字技术、区块链技术创作或记录的数字艺术品，包括直接由编程产生的艺术作品，并将作品存储在 IPFS 或其他分布式存储，通过智能合约上链生成 NFT。

创作者法律意义上的主体是自然人、法人或机构。

创作工具是数字技术，如计算机软件、数码照相机、数码摄像机等。

原生加密艺术作品的案例：

### ☆ CryptoPunks（加密朋克） ☆

2017 年，软件工程师 John Watkinson 和 Matt Hall 创建的手游公司 Larva labs，使用 ERC20 标准生成了 10 000 个

特征各异的 24×24 像素的头像，原本他们希望这些头像能成为手机 APP 或游戏的角色，项目一开始只是一个实验，而不是任何严肃的事情。然而，随着时间的推移，没有人知道有一天它会成为一个多么非凡的项目，最终得到的是一个可以改变数字艺术市场规范的变更模型。

整个项目的创作灵感源自 20 世纪 70 年代的伦敦朋克场景、小说《神经漫游者》、赛博朋克运动、愚蠢朋克和电影《银翼杀手》。所以，这是一个有趣的项目，旨在娱乐人们。实际上，朋克接近 ERC20 代币，但它们受到 ERC721 标准的启发，与其他 ERC 标准一样，这个标准适用于 NFT。

许多朋克都有莫霍克抑或顶着鸡冠般极具狂野的发型，象征着特立独行、不同于常规的审美观，体现了一种反映怀旧朋克精神的美学，反映了加密无政府主义哲学，该哲学汇集了许多奇怪而奇妙的不适应，这些奇怪和奇妙的不适合构建了早期的加密基础设施。

CryptoPunks 每个头像的长相都是独一无二的，它们借由电脑演算法无限地重新混合所有不同的特征，被赋予不同的肤色、发型、胡子、口红、眼镜、帽子等组合，随机抽样了 10 000 张不同的图像。除了人类外形的 CryptoPunks，Watkinson 和 Hall 调整了软件算法，生成了数量稀少的奇幻、非人类的作品，增加了88个绿色皮肤的僵尸朋克，24个长毛猿人朋克和9个浅蓝色皮肤的外星人朋克。像人类朋克一样，非人类朋克也有不同的配饰组合：例如，一个外星人正在抽烟斗，被称为"wise alien"。每个头像都有自己的专页，仔细列明长相特征和完整的交易记录。每件作品的拥有权记录均可追溯，会记录于区块链之中，为现今NFT市场奠定了基础。

10 000个头像中，男性角色占6 039个，女性占3 840个。余下的121个则属非人类角色，分别为88个绿皮肤僵尸、24个长毛猿人和9个浅蓝色皮肤的外星人。

实际上，一个朋克最多可以拥有7个属性。更何况一个朋克甚至可以没有任何属性，这个性格也会让它变得更有价值。例如，只有一种朋克具有7个属性，那就是朋克编号8348。因此，它是所有CryptoPunks中最稀有的朋克之一。而且，只有8个没有属性的朋克。比如，朋克编号6487就是一个没有属性的女朋克。

CryptoPunks的新颖之处在于，它们是以太坊上第一批具有验证唯一所有权内置方法的数字艺术作品，整个过程通过加密哈希完成，从而使以太坊上的钱包地址可以完全拥有CryptoPunk的所有权。

具有代表性的 CryptoPunks：

（1）9 个 CryptoPunks

图源：OpenSea

2021 年 5 月 13 日，来自 Larva Labs 的 9 个 CryptoPunks 的数字艺术品在 Christie's 拍卖行以 1 696.25 万美元成交。[1]

---

1 [ 美 ] 雅各布·卡斯特雷纳克斯 .CryptoPunksNFT 在佳士得以 1690 万美元的价格售出 [EB/OL].The Verge.https://www.theverge.com/2021/5/11/22430254/cryptopunks-christies-sale-larva-labs.2021-05-11.2021-08-17.

（2）CryptoPunk 7523

图源：OpenSea

这是迄今为止最昂贵的CryptoPunk"蓝色外星人"NFT，2021年6月11日在Sotheby's（苏富比）拍卖行以1 180万美元成交，再创历史新高。[1]DraftKings 的最大股东、亿万富翁 Shalom Meckenzie（沙洛姆·梅肯齐）在 Sotheby's 拍卖会上购买了这幅作品。

1　[ 英 ] 伊丽沙白·豪克罗夫特."CryptoPunk"NFT 在苏富比以 1180 万美元的价格售出 [EB/OL].https://www.reuters.com/technology/cryptopunk-nft-sells-118-million-sothebys-2021-06-10/.2021-06-11.2021-08-15.

（3）CryptoPunk 3100

图源：OpenSea

　　另一个罕见的外星人，以 758 万美元的价格售出，它有唯一的头戴配件。

（4）CryptoPunk 7804

图源：OpenSea

　　9 个罕见的外星人朋克之一，售价为 757 万美元。Figma 的首席执行官 Dylan Field 称其为"数字蒙娜丽莎"。

（5）CryptoPunk 3011

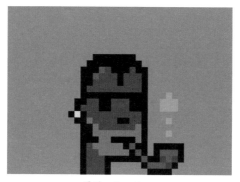

图源：OpenSea

6 039 位男性朋克之一，售价 176 万美元。它最罕见的
特征是"吸血鬼头发"风格。


（6）CryptoPunk 6965

图源：OpenSea

以 154 万美元的价格售出。它是 24 位 Ape 朋克之一，
戴有软呢帽配饰。

（7）CryptoPunk 2066

图源：OpenSea

一款戴有针织帽的罕见僵尸朋克，售价为 146 万美元。


（8）CryptoPunk 1190

图源：OpenSea

88 个僵尸朋克之一，以 138 万美元的价格售出。

（9）CryptoPunk 4156

图源：OpenSea

另一个 Ape 朋克，以 125 万美元的价格售出。


（10）CryptoPunk 2140

图源：OpenSea

一款戴有针织帽和小色调的 Ape 朋克，售价为 118 万
美元。

（11）CryptoPunk 6297

图源：OpenSea

僵尸朋克，售价为 117 万美元。


（12）CryptoPunk 3173

图源：OpenSea

这是目前出售最便宜的 CryptoPunk，售价不到 38 000 美元。这是一款男性朋克，有帽子、胡须、眼镜和痣作为附件。

☆ *Everydays:the first 5 000 days*,Beeple

（原名：Mike Winkelmann） ☆

　　*Everydays:the first 5 000 days*，是数字艺术家 Beeple 从 2007 年 5 月 1 日开始启动的"Everydays"项目，持续跨越了 5 000 多天，每天都会创作一幅数字图片，甚至在他的婚礼当天和他孩子出生的日子里也从未间断过，此项目的灵感来自 Tom Judd（汤姆·贾德），他每天都画一幅画，持续了一年。Beeple 认为这是提高他绘画技巧的一种有益方式，因此，在接下来的几年里，他每年专注于一种技能或媒介，包括 2012 年的 Adobe Illustrator 和 2015 年的 Cinema 4D。Beeple 的作品经常描绘反乌托邦的未来，他经常使用流行文化或政治中的知名人物来讽刺时事。

　　在不间断地维系了 13 年半之后，Beeple 将它们集结生成一枚 NFT，该 NFT 奠基于区块链技术，存放了数字作品的元资料、原作者的签章，以及所有权的历史记录。最终以 6 934.6 万美元的天价由佳士得拍卖行拍出 [1]，作品由 Vignesh Sundaresan 购买，Vignesh Sundaresan 是新加

---

1　[ 美 ]Reyburn，Scott.JPG File Sells for \$69 Million, as 'NFT Mania' Gathers Pace.[N].The New York Times( 纽约时报 ).2021-03-11.

*Everydays:the first 5 000 days*

图源：Christie's 拍卖官网

知与艺术

坡的一名程序员，也是 Metapurse 的所有者，他的笔名是 MetaKovan。[1]MetaKovan 使用 42 329 以太币支付了艺术品费用。

## ☆ The Bored Ape Yacht Club
（无聊猿游艇俱乐部，简称BAYC） ☆

2021 年年初，当 Gargamel 和他的联合创始人 Goner 开始思考创建一个 NFT 项目时，虚拟形象俱乐部是当时的一个新兴趋势。Gargamel 在创办 Bored Ape Yacht Club 之前，是一名作家和编辑，Goner 与他都不是技术出身，但他们都熟悉 CryptoPunks，这是一批 10 000 个像素化人物，在 2017 年由一家名为 LarvaLabs 的公司发布后成为 NFT 市场的蓝筹艺术。他们也注意到 Hashmasks[2] 的成功，作为一家艺术

---

1　[ 美 ]Ben Davis.The Buyers of the $69 Million Beeple Reveal Their True Identities—and Say the Purchase Was About Taking a Stand for People of Color.[EB/OL].artnet News.https://news.artnet.com/art-world/beeple-buyers-metakovan-twobadour-1953418.2021-03-19.2021-08-19.

2　Hashmasks 是一个数字艺术收藏品项目，由全球 70 多名艺术家创作，总供应量为 16 384 枚 NFT，每一枚都是独一无二的个人肖像，每幅画作还拥有 5 个稀缺性元素，每个稀缺性程度不同，随机抽取。用户在购买肖像画作后还可以为 Hashmask 进行命名，进一步增强了画作的稀缺性。

企业，Hashmasks 在 2021 年 1 月售出了 16 384 张 NFT 图像，总价值超过 1 600 万美元。这两个项目都是封闭系统，他们的开发人员没有承诺在最初的有限版本之外进行任何扩展。

Gargamel 和 Goner 想要寻求一个新的想法，他们的早期想法是 CryptoCuties，一组 NFT "女朋友"，另一个概念是共享的数字画布：任何购买的人都可以在上面画画。但他们的想法随着时间的推移不断发展和改变，因此，创办BAYC，成为实现这一想法的第一步。为了处理必要的区块链编码，Gargamel 和 Goner 找来了另外两个朋友，分别是 No Sass 和 Emperor Tomato Ketchup 的程序员，他们给BAYC 所设定的故事：每个投身于加密领域的猿猴，在 10年后都已成为亿万富翁，财务自由后的生活变得无聊，于是成立了无聊猿游艇俱乐部，在小酒吧一起聚会、玩涂鸦、遛狗，过着无聊的"躺平"生活。

投身于 NFT 项目创作的 4 人，设计将卡通猿的特征随后输入一个算法程序中，该程序随机生成数千张具有身体、头部、帽子和衣服的独特组合的图像，例如数字装扮娃娃。某些特征——彩虹毛皮、激光眼睛、长袍——很少出现，这使得运动的猿类看起来更受欢迎，因此更有价值。每张图片都隐藏起来，直到最初的收藏家付钱，所以买一个有点像玩老虎机——得到一个具有正确特征对齐的猿，你可以通过翻转它来获得巨大的利润。

2021年4月30日，BAYC诞生了，它是一个由1万个独特的Bored Ape NFT组成的集合，是使用ERC721的合约标准生成存储于以太坊并托管在IPFS上的独特数字收藏品。它是通过Yugo Labs设计的算法创建的，该算法融合了配饰、眼睛、神态、服装、背景和毛皮颜色等170个稀有度不同的属性和特征，通过编程方式随机组合生成的，每个猿猴表情、神态、穿着各异。

2021年5月至6月间，BAYC彻底改变了NFT社区和项目。有的猿已经卖到了6位数。各界名流纷纷购入BAYC，并更换社交媒体头像，例如，NBA年度最佳新秀拉梅洛·鲍尔、乔什·哈特和泰瑞斯·哈利伯顿，费城76人队篮球队总裁达雷尔·莫雷最近也加入了BAYC。毫无疑问，BAYC团队在NFT领域掀起了一阵兴奋的旋风。但更重要的是，他们形成了一个紧密的社区，在排他性和乐趣中形成个性与他们拥有的猿类角色一样独特。在5月至6月，BAYC长期处于NFT24小时交易量排行榜第1位。至8月，BAYC累计交易额高达65 475.6ETH，折合约1.59亿美元，位于NFT市场总交易量排行榜第4位。

图源：Bored Ape Yacht Club

是什么让 Bored Ape Yacht Club 成为独一无二的 NFT？

（1）详细路线图

BAYC 的创建者在项目启动之前实施了详细的路线图，清楚地说明了会员资格的最初和未来可能的好处。这包括商品、寻宝、上述浴室、流动资金池、猿繁殖，以及"与朋友一起猿的更多方式"。

随着 NFT 社区对具有实用性的项目越来越感兴趣——而不仅仅是拥有一件数字艺术品。毫不奇怪，在 BAYC 变得更受欢迎之后，NFT 项目的路线图变得更加规律，包括像 NBA Top Shot 这样的 NFT 支柱。

（2）无聊猿犬舍俱乐部

6月18日，俱乐部宣布了一个仅限会员的惊喜—— 10 000 只无聊猿中的每一只都可以为他们的猿铸造一只犬类伴侣，只需要支付 Gas 来铸造他们的新生物。与 BAYC 类似，Bored Ape Kennel Club（BAKC）表示，这些狗是"10 000 个独特且以编程方式创建的代币，具有 170 种可能的特征，其中一些特征比其他特征更为罕见"。

BAKC 还将在前 6 周内将 OpenSea 二次销售的 2.5% 捐赠给非杀戮动物收容所。在当时，Bored Ape dog 的即时购买价格为 1.46 以太坊，尽管这些狗尚未公开。

**（3）类人猿的相关属性**

BAYC 当然不是第一个具有稀有属性的 NFT，但他们以一种吸引人们的方式实施它们。就像 CryptoPunks 一样，人们认同他们的猿，并期待拥有代表他们个性的人。猿现在是社交媒体上流行的数字化身。

无聊猿有 7 种不同的属性，但并非所有猿都有 7 种属性：背景、衣服、耳环、眼睛、毛皮、帽子、嘴巴。你可以通过 MomentRanks 上的 Ape Explorer 按属性筛选猿类。

基于属性的类人猿亚群已经爆发，Twitter 战争在不同类型的毛皮之间肆虐——最稀有的是 Solid Gold、Trippy、Noise、Death Bot 和 DMT。尽管所有艺术都是主观的并且基于审美偏好，但 BAYC 团队确实为他们的社区创造了独特且高质量的可交付成果。

（4）无聊猿的独家商业用途

最吸引人的好处之一是每个猿 NFT 都具有完整的商业使用权，这意味着所有者能够销售带有猿类肖像的产品。仅受他们的创造力和"囤积"意愿的限制，所有者已经在创建以他们的猿为中心的项目，包括书籍、漫画，甚至咖啡和啤酒品牌。

BAYC 团队也证实，BAKC dog 的主人将拥有完全的商业权利，就像 BAYC 的主人一样。

这些项目不是来自 Bored Ape Yacht Club 本身，而是将继续在 Bored Ape 宇宙中扩展的 Ape 所有者。这是 Bored Ape 从 CryptoPunks 上迭代的另一块 NFT，我们只是看到了 Bored Ape 可以使用的所有方式的开始。

（5）唯一所有者的数量

BAYC 也很特别，因为有很多独特的所有者。这意味着大量的人确实投入了大量资金来见证项目的长期成功，并且社区也在不断发展。会员还可以选择加入 BAYC 流动资金池。

如此多的用户希望成为现实生活中俱乐部的一个可识别的一部分，以至于第一批 BAYC 实体商品"会员专属的限量商品"在 6 分钟内售罄，在 eBay 等网站上创建了自己的二级市场。在那里，商品的售价高达数千美元，创造了一个类似于 Supreme 这样的街头服饰品牌的二级市场。

（6）领导参与

也许最值得注意的是 Bored Ape Yacht Club 团队建立的
透明度和对社区的奉献精神。虽然其他一些 NFT 项目在没
有完成路线图项目并因此失去可信度的情况下从他们的收
藏家那里撤出了地毯，但 BAYC 是积极的、善于沟通的、
反应迅速的。

也许没有比 BAKC 更好的例子了。会员不知道从"会
员专属惊喜"中可以期待什么，但这种免费的铸币机会为
成为 BAYC 会员增添了兴奋和价值。

NFT 项目周期以快速和激烈而著称，但许多项目最终
很快就会失败。能够增加持续价值的项目才能长期存在，
而 Bored Ape 的领导层已经证明他们致力于让它成为现实。

沟通是建立在信任基础上的强大社区的关键。路线图
和未来计划的沟通激发了其所有者基础内的创新，以保持
无聊猿游艇俱乐部在未来几年的发展。[1]

---

1  ［美］Corporate Trash.What is Bored Ape Yacht Club? The Ape
NFT Transforming NFTs[EB/OL].https://momentranks.com/
blog/what-is-bored-ape-yacht-club-the-ape-nft-transforming-
nfts.2021-06-18.2021-08-15.

☆ 《画梦30年：梦网游》李洋画梦 ☆

中央美术学院副教授李洋从 20 世纪 90 年代开始至今的
30 多年来，持续以梦作为绘画与艺术创作表达的重要主题，
形成了一套人类梦史个体记录的编年体奇观。作品共 3 部，
分别是 R·Y·B，每部都是完整的巨幅加密作品，59 055 像

《画梦 30 年：梦网游·R》
图源：李洋画梦

素 × 59 055 像素，500 cm × 500 cm，初期用 iPad 进行创作，后期融入 AI 和区块链技术生成虚拟壁画，植入梦境算法让画面人物、场景流动交互。2021 年 5 月 22 日，在区块链数字艺术平台 AART 与永乐拍卖联合举办的中国境内首场线下区块链数字艺术品拍卖中，这幅《画梦 30 年：梦网游·R》以 160 万元落槌，刷新国内加密艺术作品的成交记录。[1]

☆《瞬间的永恒——101个火药画的引爆》
国际著名艺术家蔡国强 ☆

2021 年 7 月 16 日，蔡国强受上海外滩美术馆特别委托的首个 NFT 项目《瞬间的永恒——101 个火药画的引爆》在 TR Lab 线上平台以 250 万美元（约合人民币 1 620 万元）义拍成交。它属于原生加密艺术作品，蔡国强将火药画的重要组成部分——"引爆瞬间"转化为 NFT，其中烟火爆破的声音、展示出的画面形成的影像组合，更像是作品创作的记录或珍贵的影像资料，属于作品创作中重要的记录，更是重要的藏品。

---

1　首场加密艺术线下拍卖完美收官 [EB/OL]. 人民艺术网 .http://www.peoplesart.net.cn/h-nd-1751.html.2021-05-24.2021-08.19.

蔡国强与其火药画爆破瞬间，万国大厅，马德里。
图源：西班牙普拉多美术馆提供 蔡国强 2017 年

# ◇非原生加密艺术作品◇

非原生加密艺术作品是由创作者使用非数字技术工具创作的艺术品，比如，油画、水墨画、胶片创作的照片、铜版画、石版画、木版画、雕塑、其他综合材料作品，通过数字技术转换工具，将实物作品转换成数字文件并存储在 IPFS或其他分布式存储，并通过智能合约上链生成 NFT。

创作者法律意义上的主体与原生加密艺术作品一致。

创作工具，或者说数字技术转换工具，是数码照相机、数码摄像机、计算机软件等。

非原生加密艺术作品的案例：

☆ 安迪·沃霍尔早年的5幅画作以数码艺术模式铸造 NFT，最终以338万美元在纽约佳士得拍卖行成交[1] ☆

安迪·沃霍尔（Andy Warhol）这位著名的波普艺术家于20世纪80年代中期，在他的个人计算机Commodore的Amiga 1000上，使用一种名为ProPaint的新计算机软件创建出安迪·沃霍尔标志性的 *Campbell's Soup Cans*，*The Birth of Venus*、花朵、自画像等5件数字图像作品，2021年5月，安迪·沃霍尔基金会选择这5幅作品铸造成NFT，在佳士得拍卖，最终拍出338万美元，并为中标者每批都提供4 500×6 000像素的tif图像（作为NFT，通过区块链上的唯一地址提供）。

安迪·沃霍尔基金会在声明中说道："作为沃霍尔遗产的守护者，沃霍尔基金会有权选择最适合铸造这5个NFT的格式。在决定使用tif文件时，我们受到沃霍尔对这些开创性数字作品的艺术意图的指导，以及我们的目标是将它们以一种可供后代欣赏的格式保存下来。"

---

1　[美]Sarah Cascone.The Warhol Foundation Is Auctioning Off the Artist's Computer-Based Works as NFTs. An Archivist Who Uncovered Them Is Outraged.[EB/OL].artnet News.https://news.artnet.com/market/andy-warhol-nft-christies-1971474.2021-05-21.2021-08.30.

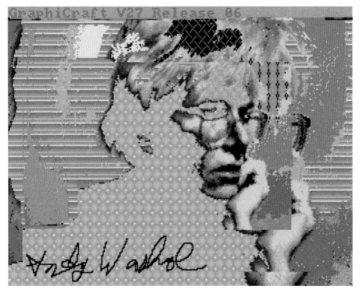

安迪·沃霍尔，《无题（自画像）》
（约 1985k，2021 年作为 NFT 铸造）安迪·沃霍尔基金会
图源：losbuffo.com

　　简单来说，非原生加密艺术作品是对传统艺术作品进行加密升级，成为加密艺术品，加密的是一种"历史"。而原生加密艺术直接采用数字技术或者区块链思维与技术创造区块链艺术作品，打造加密艺术 IP，并通过智能合约，赋予加密艺术发展的无限可能性。因此，原生加密艺术作品更像是一种区块链"生成艺术"，其应是加密艺术的"未来"。

# 加密艺术与传统艺术的区别与联系

## ◇ 加密艺术与传统艺术的区别 ◇

### ☆ 创作方式、工具 ☆

　　加密艺术与传统艺术的创作从思想和创作媒材上来讲，前者是不变的，思想即内容，后者却有了很大的变化，加密艺术的创作不同于传统艺术以往采用的画布或颜料，加密艺术多数为数码技术创作的作品，或通过数码技术的扫描、拍照，然后在区块链上生成 NFT 的作品，这是 NFT 艺术品的生成过程。科技在不断改变艺术的形式和生态，比如，大量户外写生艺术的产生，是因为将油画颜料做成了便携式；影像艺术的产生，是因为摄像机和录影带的广泛运用。现在，一个小孩子都可以在 iPad 上画出创意感十足的画，都知道在社交媒体上建立频道介绍自己的作品，那么区块链技术滋生新的艺术形式，当然也毫无疑问。长久以来，两者就是这样螺旋式发展。未来，会有想象不到的 NFT 艺术品接踵而至，给我们带来更多观念上的冲击和欣赏方式的差异。

## ☆ 欣赏展览方式 ☆

相较于传统艺术品而言，加密艺术品在欣赏方式上的不同点在于它的观看性是不受物理空间的限制的。传统艺术画廊、博物馆、展览不可能将所有艺术品都展示出来，它们之中的绝大多数实物艺术品都在储存中，而艺术品的储存最需要注意恒温恒湿，要求颇高，且艺术品的每一次跨国需要缴纳的税费对藏家来说也是不小的开支。

新加坡的博物馆展出藏品不用缴纳税费，这是新加坡成为亚洲第一个世界级的珍贵物品和艺术品收藏中心的原因，因此很多国际藏家将珍贵的传统艺术品选择在新加坡自由港这个拥有顶级安保措施的超级保险库进行存储。

然而，根据一些观察家的观察分析，全球各大博物馆在任何时候都只展示 5% 左右的收藏品，即使是世界顶级的艺术家，也只会在某个时间段在博物馆的其中一个展厅里展出部分作品，很大的原因就在于展示传统艺术品所需的物理空间是受限制的。

相比之下，加密艺术展示则没有类似的限制。通过物理形式展示加密艺术，比如，采用墙上的屏幕展示加密作品，让数字艺术以令人兴奋的方式延伸到物理世界。2021年6月，苏富比拍卖行就在Decentraland（Decentraland是基于以太坊区块链的分散式3D虚拟现实平台）上推出了其首个虚拟画廊。"我们很高兴能够在Decentraland重建苏富比历史悠久的伦敦画廊，作为一种在线观看体验，"苏富比专家兼销售主管迈克尔·布哈纳（Michael Bouhanna）在一份声明中表示，"我们将像Decentraland这样的空间视为数字艺术的下一个前沿领域，艺术家、收藏家和观众都可以在这里与来自世界任何地方的彼此进行互动，并展示从根本上稀缺和独特但任何人都可以观看的艺术。过去的一年是苏富比适应和成长的一年，通过与Decentraland社区的合作，我们在探索数字艺术世界的新方面很开心。"[1]

## ☆ 收藏方式 ☆

传统艺术领域里艺术品的收藏大多是在权威的收藏机构如博物馆、展览馆等，也包括有实力的民营或私营企业及个人收藏家的手里，但困扰着传统艺术品收藏的问题一

---

1　[美] 海伦·霍尔姆斯.NFT：苏富比虚拟Decentraland画廊的关注中心.[EB/OL].Observer Media.2021-06-07.2021-08-17.

直存在，例如私人收藏者手中艺术品的真假问题和传承有序的查证问题，我们很难确定真伪并无法确定它每次流转的真实信息。因为缺乏对艺术家的了解和对艺术品的真假无法判别，也造成很多拥有财富和购买力的人不敢轻易收藏或购买艺术品。

但加密艺术品的价格是完全透明的，因为 NFT 的属性解决了过往的艺术品销售和拍卖当中暴露出的真假问题和价格不透明问题，在 NFT 中所有作品是用区块链的基础来搭建作品的数据层，所以它的真伪是完全可以确定的。而涉及加密艺术的收藏，它与传统艺术中的油画、摄影、装置、雕塑相比，收藏成本要小得多。藏家既不需要租仓库、买保险，也不需要联络运输、修复，只需要记住区块链钱包的账号和密码即可。

CryptoPunk 5293 号

图源：OpenSea

2021 年 7 月 7 日，迈阿密艺术博物馆（ICA Miami）宣布收藏由博物馆理事爱德华多·布里洛（Eduardo Burillo）捐赠的 CryptoPunk 5293 号的 NFT，这也是第一件进入主要艺术博物馆收藏的 NFT 作品。

## ☆ 交易方式 ☆

传统艺术市场要经过艺术家（创作者）、画廊（一级市场）、批评家（作家／作者）、拍卖行（二级市场）、收藏家（投资者）、博物馆的参与形成艺术品的价值建设，它需要一个相对漫长的过程，虽然有助于为艺术市场带来新的价值，但对艺术家本身来说，作品一旦销售出去，只能一次性地从画廊或者拍卖行获得作品的收益，无法实现二次销售的收益。

相比之下，加密艺术拥有可溯源性，交易环节通过智能合约执行，能从一个收藏者安全地交易到另一收藏者，且智能合约对资产具有支配权，不需要法律层来执行。数字艺术资产出售之后，NFT 作品将直接转移到买方钱包中，同时，相应的对价货币会转移到卖方的钱包中。区块链技术实现了加密艺术品的每笔交易都是在点对点网络上进行的，并且受到保护，这意味着资金或资产都不会由画廊或任何其他第三方持有。交易即时性的特点保证了艺术家出售艺术品"秒级"回款，无需担心由于画廊、拍卖行等诸多交易主体参与交易环节而造成的回款时间冗长的问题。同时，有了智能合约的加持，让艺术家从数字艺术资产的每一次流转"分得一杯羹"成为可能。如果可以，数字艺术资产的价值堆叠可以像区块链一样无限延展下去。

## ◇ 加密艺术与传统艺术的联系 ◇

加密艺术的出现，打破了传统艺术品的创作、收藏、观看及交易模式，并建立了虚拟世界交易的共有秩序，这是区块链对艺术最重要的创新之一，它创造出可证明版本唯一性的数字商品。

加密艺术可以在虚拟世界创建出一座 VR 虚拟美术馆进行展览展示，这已经有先例可循，苏富比拍卖行就在 Decentraland 推出了首个虚拟画廊。在虚拟世界里，加密艺术品不再像传统艺术品那样需要物理空间进行展示，而是可以像在真实世界的美术馆一样，向参观者们展示属于自己的加密艺术品。

对于艺术家们来说，加密艺术的交易是艺术家在历史上第一次参与到二级市场的分润，把行业的话语权还给了创作者。传统艺术市场一直以画廊为中间人，以藏家为核心，艺术家只提供作品，其后作品卖了多少钱与艺术家无关，区块链技术赋予艺术品的技术属性让这种权利关系出现了转变。与传统艺术世界不同，加密艺术家不用征求画廊主、代理商、拍卖行或其他中介的许可来分享和出售他们的作品。相反，他们利用区块链，自己决定展示作品并使之可用。艺术品因加密属性，其所有权被数字化为可进行交易的代币，提高了艺术品的流动性。

艺术家给抽象赋形，给概念赋形，给价值观赋形，塑造我们看不到的事物，不是再现真实，而是映射真实。加密艺术反映了我们作为人类当前的思想物质产出，无论是在社会领域还是技术领域。我们习惯性从宏观层面概括、描述动态和成因，很困难也很不正确。我们意识到，我们所面临的局限，也正是我们所拥有的，它是真实而确定的存在，它是事物的一个小的侧面，仅此而已，但也因此可以预测未来。无论是否出于加密艺术的目的，创作对于体验者或艺术家，始终是一件好事。

未来，加密艺术会与传统艺术共存，相互呼应并影响彼此的思维、方法和输出，但使用 NFT 技术的艺术将会有更大繁荣。当然，它必须具有艺术的创作原则。另一方面，将自己的作品加密以控制它是很有意义的，这是符合逻辑的，一些艺术家会选择这么做，一些艺术家会放弃，因为他们认为艺术不一定要被收藏。种种这些，时间都会告诉

我们答案。英国艺术史家贡布里希在《艺术的故事》里所述，
"艺术家的故事，只有经过一段时间，等他们的作品产生了
影响，才能讲述。越是身处所在的时代，就难以分辨什么
是持久的成就，什么是短暂的时尚。"[1] 记得吗？ 1965 年的
贝尔实验室里，迈克尔·诺尔（A Michael Noll）和贝拉·朱
尔斯（Bela Julesz）还在争辩他们用电脑生成的构图，应该
被叫作"艺术"还是"图片"！

---

1　[英] 贡布里希 . 译者：范景中，杨成凯 . 艺术的故事 [M]. 广西美
术出版社 .2008-04.P599

第三章
加密艺术产业

# NFT 市场现状

## ◇ NFT的应用领域 ◇

目前，NFT 技术的主要应用领域包括：加密艺术品、数字收藏品、游戏、虚拟资产、现实资产、身份管理、媒体和娱乐、房地产等。

加密艺术品毫无疑问成为当下最火爆的NFT应用之一，这是源于 NFT 的区块链技术特性赋予艺术家和艺术品更多的可能性。

传统艺术圈的艺术作品，决定其价值有多方面的因素，不乏与作家背景、展览经历、收藏记录、专家背书等相关联，这对于多数艺术家的作品来说，是很难得到展示和售卖的机会。而在 NFT 艺术品世界里，艺术家往往是匿名的，艺术家可以通过基于区块链的支付和交易解决方案，将艺术家与消费者直接连接起来，而用户也可以足不出户，从线上选择、观赏、拍卖和交易自己喜欢的艺术作品，极大地提升了艺术品变现的效率。

通过 NFT 与数字艺术的结合解决了传统艺术作品实体交易的痛点，带来全新的数字艺术交易模式，艺术家能直接对标卖家卖出艺术品，成本相较于实体交易可以说既简化了交易流程，又降低了交易成本。伴随着新兴艺术家对 NFT 技术的逐步接纳，NFT 或成为未来数字艺术创作的关键性载体，未来数字艺术品的创作收藏方式极有可能以 NFT 形式运作。

如今，传统艺术品行业也逐步关注并尝试利用 NFT 技术进行艺术产品跨界交互，如英国奢侈品及艺术品拍卖行佳士得（Christie's）于 2021 年 3 月 11 日在纽约拍卖会拍卖 *Everydays: The First 5 000 Days*，最终以 69 346 250 美元价格成交。该艺术品作者 Beeple 成为在世艺术家作品最高售价第 3 名，仅次于大卫·霍克尼和杰夫·昆斯。

NFT 艺术品比起传统艺术品的保存和流通也要容易得多，数字化的艺术作品不会磨损，无需修复，所有艺术品的销售状况都是透明可见的，很容易做数据统计、分析，进而预测。

# ◇ NFT的应用场景 ◇

## ☆ 艺术品交易 ☆

NFT 为艺术品交易提供了新的场景。艺术家可以将自己拥有版权的艺术品委托第三方生成 NFT 艺术品，NFT 艺术品可以在二级市场上进行交易。同时，艺术家也可以自己通过交易市场买卖 NFT 艺术品，省去第三方环节，由此获得更多的收入。通过这种方式促使创作、交易和从 NFT 获得版税变得更加容易。

## ☆ 音乐作品 ☆

NFT 市场为打造虚拟音乐收藏品市场提供可能。音乐厂牌与音乐家或者歌手联手，可以对现有的音乐作品铸成 NFT，也可以直接发行 NFT 版本的 EP 或者音乐专辑。当前，国内的腾讯音乐已经推出了数字音乐收藏品，一些歌迷已经接受了 NFT 收藏品这种形式。NFT 平台可以将音乐作品作为一个重要的交易类型，不仅可以为音乐家们带来销售数量，还可以带来比传统音乐平台更好的收益。

## ☆ 时尚产品 ☆

NFT 可以与时尚行业、时尚产品发生强关联，互为促进。现在，越来越多的 NFT 项目与全球知名的时尚品牌、知名时尚设计师进行合作，打造时尚界的爆款单品，提升品牌的附加值。同时，艺术家参与这类产品合作，还能获得更多收益，提升自身知名度。随着越来越多的材料、工具和技术推出，结合 VR 等更多形式的 NFT 时尚产品将会成为可能。

## ☆ 游　戏 ☆

游戏是 NFT 的一个主要应用场景。基于区块链技术的 NFT 能够记录玩家在游戏内的状态和成就，保存游戏中获得的物品、装备等内容，能够确保记录不可篡改，做到无缝转移和交易。并且，确保了游戏中各类资产的所有权清晰可辨与真实性。同时，游戏中赢得的物品可以通过交易，具备资产兑换价值。艺术家的艺术作品也可以嫁接到游戏中，产生新的应用场景。

## ☆ 虚拟世界 ☆

NFT 可以创造一个与现实世界平行的虚拟世界。虚拟世界中的土地、建筑、装饰、代币等元素均为虚拟生成，并且具有 NFT 的各种属性。虚拟世界中，所有角色都将通过各式各样 NFT 发生联系，用户可以完全控制自己的创作作品和虚拟资产，沉浸在另一个自己创造的世界中。

NFT 的其他应用领域还包括域名、实体资产、身份验证、保险、金融等。随着 NFT 技术的成熟以及大众对产品的接受程度愈加深化，全社会各行各业都可以在 NFT 中找到属于自己的应用场景。NFT 的应用可能是无限的。

## ◇ NFT的市场价值 ◇

据交易新闻网站 Invezz（Invezz.com 成立于 2012 年，是一家主要发布外汇、差价合约、股票等消息的金融新闻网站）的一份报告，2020 年，NFT 市场价值 3.38 亿美元，其中，NFT 艺术品交易市场在 2020 年共售出 500 万件 NFT 艺术品，总销售额近 1.5 亿美元。相较之下，传统艺术市场头部集中化效应明显，每年 637 亿美元交易额中约 64% 由前 1% 的艺术家的作品销售额贡献。NFT 市场虽交易额及单价相对小，但艺术家、艺术品和收藏家人数活跃比例却极大地超过了传统艺术市场。

这是依托于区块链的 NFT 艺术品在链上流转快捷，可全天候不间断交易，因此，NFT 市场逐年呈倍数级增长，

2020 年 9 月 1 日，NFT 市场日交易量约为 24 110 美元，全网交易人数仅有 63 位。2020 年 11 月 13 日，NFT 市场日交易总额达到 618 500 美元，交易者人数突破 1 800 人。

2021 年，NFT 受益于 DeFi 生态取得繁荣发展，据 NoFungible 数据显示（不包含 NBA Top Shots，Nifty Gateway 等项目数据），仅第一季度 NFT 市场交易额便已超过 2020 年全年的 8 倍，约为 20 亿美元。其中 NFT 艺术品交易额，截止到 2021 年 4 月 19 日，NFT 六大加密艺术平台 SuperRare，MakersPlace，KnownOrigin，Async Art，Foundation 和 Nifty Gateway，共售出 190 665 件艺术品，总市值达 550 039 020.92 美元。

根据链上活动监控平台 DappRadar 的数据，2021 年 7 月，Axie Infinity，CryptoPunks 和 ArtBlocks 等顶级 NFT 收藏的交易量增长了 300% 以上。在 2021 年第一季度市场失去动力之后出现激增，该季度的交易量创下历史新高，销售额超过 15 亿美元，并可能为该行业的可持续增长提供新的前进方向。

7 月，NFT 的销售额超过 12 亿美元——几乎是 2021 年前两个季度 25 亿美元累计销售额的一半。NFT 交易平台 OpenSea 仅仅在 7 月 31 日和 8 月 1 日两天就创下了交易量的历史新高。根据 DappRadar 的数据，7 月 31 日交易量为

3 500 万美元，8 月 1 日则达到 4 900 万美元。根据数据站点 Glassnode 预计，OpenSea 在 2021 年 8 月的交易量已达到 10 亿美元，拥有 300 000 个独立用户。

案例：DappRadar2021 年第一季度 Dapp 行业报告节选

2021 年第一季度对区块链行业来说是令人激动的一个季度。就关键指标来说，每日独立活跃钱包数量从 2020 年第一季度的 62 000 个，到 2021 年第一季度的 458 000 个，同比增长了 639%。BSC（区块链的一种）不仅是每日独立活跃钱包数量的最大贡献者（平均每日独立活跃钱包数量 105 000）。而且在 2021 年 3 月最大的每日独立活跃钱包数量同比增长率为 50%。以太坊和 Flow 分别产生了平均为 75 000 和 53 000 每日独立活跃钱包数量。

2021 年第一季度 NFT 交易量创新高。NFT 这个类目仅仅在 3 个月中就创造了 15 亿美元的交易量。尽管和 DeFi 生态相比这还只能算是一小部分，但是 NFT 市场季度环比的增长率为 2 627%。最大的贡献来自 NBA Top Shot，CryptoPunks 和 OpenSea，占据了 73% 的总交易量。NBA Top Shot 依旧是 NFT 中的第 1 位，吸引了大量媒体的注意力和用户，在 2021 年第一季度中创造了约 5 亿美元。CryptoPunks 位列第 2，由大额交易产生的热度驱动了市场对项目的兴趣。OpenSea 位列第 3，在二级市场类目中排名第 1，增长的活跃度主要来源于 NFT 的新功能，例如挖矿和空投。

2021 年第一季度有非常多的新 NFT 项目启动。数字收藏品的趋势已经持续了一段时间，但是 Hashmasks 的启动变成了海啸的开端。在这之后 Picasso Punks，Polkamon，Chubbies，Bullrun Babes，NFT collection boxes 陆续到来，一些旧项目 Moon Cats Rescue 和 CryptoCats 热度再起。新项目的启动持续带给了 NFT 市场热度所需要的燃料。在此时 Hashmasks 站稳了脚跟，而 Moon Cats Rescue 的热度已经逐渐消散，同时 Picasso Punks 的热度似乎在上升。另外一方面，大部分新项目在启动的初始 7 天里都出现了较高的交易量，然后热度逐渐消退。背后的原因是藏品创造者集中在初始分配。让藏品保持吸引力的最重要原因就是独特性及功能，还有最重要的就是持续讲故事的能力，并且能够让用户保持参与。

2021 年第一季度另外一个市场趋势是，尝试推出一些由现有收藏品所启发的新兴 NFT。新兴的多个项目可能都会与现有的收藏品产生联系。比如，最流行的是 CryptoPunks 的替代品。底价 30 000 美元的 CryptoPunks 对一般收藏者来说并不是一个合理的选择。但是同时 3DPunks，Picasso Punks 和 Unofficial Punks 提供了一些更便宜的 NFT 产品，可以让藏家作为 CryptoPunks 的替代品。尽管 Picasso Punks 和 3DPunks 的当前底价分别是约 1.9 ETH 和 2.9 ETH, 这些并不是便宜的投资，不过和原版的 CryptoPunks 相比依旧还是便宜了很多。[1]

---

1　[ 美 ]DappRadar.Dapp Industry Report: Q1 2021 Overview.[R].https://dappradar.com/reports2021.04-01.

# 加密艺术的商业价值

　　未来，加密艺术市场可以带来传统艺术市场无法达到的快速的经济效益。在传统艺术品交易市场中，主要经过画廊、拍卖行等进行艺术品的交易，作品的曝光率低，且容易受时间、地域和购买人群的限制，不容易实现变现，使得作品的流动性差。而 NFT 锚定的艺术品通过智能合约，成功连接了全球市场，全世界的艺术爱好者都可以通过加密艺术交易平台进行交易，艺术品的历史交易信息包括发出者、展览记录、买卖记录完全是公开透明的，大大降低了艺术品的交易成本，提高了加密艺术作品的市场流动性，为加密艺术的未来商业版图创造了更大的升值空间。

## ◇ 加密艺术产业规模 ◇

　　2021 年 8 月 15 日，根据 The Block Research（The Block 是数字资产领域领先的研究、分析和新闻品牌）收集的数据所示，8 月初以来，该交易所的交易量已接近 8 亿美元。该市场 7 月的交易量为 2.842 亿美元，6 月为 1.252

亿美元。主要的 NFT 交易平台的交易量明显激增，其中，OpenSea 的交易数量呈较大的增长趋势。

## 1. 知名 NFT 交易平台总览

（知名 NFT 交易平台简介表一）

| 平台名称 | Open Sea | Nifty Gateway | Makers Place | Rarible | Super Rare |
|---|---|---|---|---|---|
| 简介 | 去中心化的资产交易平台 | 非同质化代币货币市场 | 为艺术家和创作者服务的数字创作平台 | NFT 发行与交易平台 | 拥有全球数字艺术家网络的互联网数字艺术交易市场 |
| 发布时间 | 2018 年 | 2019 年前被收购 | 2016 年 | 2020 年 | 2017 年 |

| 平台名称 | Open Sea | Nifty Gateway | Makers Place | Rarible | Super Rare |
|---|---|---|---|---|---|
| 发布链 | 区块链 | 区块链 | 区块链 | 区块链 | 区块链 |
| 市场种类 | 综合市场 | 综合市场 | 数字艺术品市场 | 数字艺术品市场 | 数字艺术品市场 |
| 代表商品 | My crypto Heroes 等 | Crypto Kitties 等 | 作品集 Terminus | The Roll Up 2021 | *The Rebirth of Venus* |
| 平台特点 | 目前全球最大的加密数字藏品市场 | 明星联名独家代币化收藏品 | 为艺术家和创作者的每件作品生成区块链指纹 | 去中心化平台 | 只有受邀艺术家才能在平台上进行创作 |
| 是否发布代币 | 否 | 否 | 否 | 是（RARI） | 有 |

（知名 NFT 交易平台表二）

| 平台名称 | VIV3 | Zora | Foundation | Known Origin | Async Art |
|---|---|---|---|---|---|
| 简介 | NFT 交易平台 | 邀请制的加密艺术平台 | 数字收藏品发行和交易平台 | 老牌加密艺术平台 | 可编程加密艺术平台 |
| 发布时间 | 2021 年 | 2020 年 | 2021 年 | 2018 年 | 2020 年 |

| 平台名称 | VIV3 | Zora | Foundation | Known Origin | Async Art |
|---|---|---|---|---|---|
| 发布链 | Flow 公链 | 区块链 | 区块链 | 区块链 | 区块链 |
| 市场种类 | 综合市场 | 数字艺术品市场 | 数字艺术品市场 | 数字艺术品市场 | 数字艺术品市场 |
| 代表商品 | Anne Spalter | Mike Shinoda | Nyan Cat | 暂无市值排名靠前的作品 | *First Supper* |
| 平台特点 | FLow 上第一个综合市场 | 提供限量版代币化产品 | 邀请制，艺术家在平台售出作品后获得两个邀请名额 | 在引入外界 IP 和孵化自身 IP 上逐渐失去竞争力 | 可编程加密艺术品，由 master 图层和多个 layer 图层组成 |
| 是否发布代币 | 否 | 否 | 否 | 否 | 否 |

## 2. 知名 NFT 交易平台详细分析

### A. OpenSea

OpenSea 是目前最大的 NFT 交易平台，该综合平台售卖的数字商品多种多样，覆盖了数字艺术品、加密收藏品、游戏物品、虚拟土地、域名等各细分领域。

2018 年 5 月，OpenSea 完成 200 万美元种子轮融资，投资方包括区块链资本，1confirmation，Founders Fund，Foundation CapitalChernin Group，Coinbase Ventures，Blockstack 和 Stable Fund。

2021 年 3 月，OpenSea 获得由 a16z（又名 Andreessen Horowitz，安德森·霍洛维茨基金）牵头的 2 300 万美元 A 轮融资，Cultural Leadership Fund 参投。此外，Ron Conway，Mark Cuban，Tim Ferriss，Belinda Johnson，Naval Ravikant 和 Ben Silberman 等众多天使投资人也参与了本轮投资。

相比其他 NFT 交易平台，OpenSea 更为"亲民"，任何人都可以免费创建和出售 NFT，且出售时无需支付任何 Gas 费。不过，首次使用 OpenSea 账户初始化时或者商品售出后需支付一笔 Gas 费。而在不久前，OpenSea 透露其将集成以太坊 Layer2 解决方案 Immutable X，也就是说用户在 OpenSea 的交易也将不再需要 Gas 费。

当创作者在无需 Gas 费成功铸造 NFT 后，OpenSea 会在每次成功销售后收取 2.5% 的佣金，部分游戏开发商则会收取交易金额的 7.5%。而创作者可对商品的二次销售白行设置版权费，开发者或创作者每两周可收到二次收益，未来随着此流程的自动执行，将会立即获得收益。

在 NFT 热潮中，OpenSea 交易量从 2021 年年初至今暴增 76 240%，OpenSea 智能合约的总收入从 2021 年 1 月 1 日的 73 556 美元增至 5 607 万美元。与此同时，同期该市场的用户数量从 315 人增加到 14 520 人，增幅为 4 423%。（资料来源：DappRadar，它是全球领先的 dapp 市场数据和 dapp 分发平台。）

B. Nifty Gateway

Nifty Gateway 是由 Gemini 交易所支持的 NFT 交易平台，由双胞胎兄弟 Duncan Cock Foster 与 Griffin Cock Foster 共同创立。它在 2019 年 11 月被美国的 Gemini 收购，也因为 Gemini 是可以合法地支持美元与加密货币交易的 CEX，所以 Nifty Gateway 成为唯一允许用户使用信用卡购买 NFT 的交易平台，用户可通过信用卡或金融卡购买 NFT，且出售时直接兑现至银行账户中。

目前，Nifty Gateway 只允许美国用户提取法定货币，未来也将面向国际用户推出同样功能。

Cryptoart.io 显示，仅 2021 年 3 月，Nifty Gateway 的交易额就超 1.4 亿美元。Nifty Gateway 的崛起很大程度上在于重视与艺术家的合作，在其官网上有着专门对加密艺术家的索引。

同时，Nifty Gateway 还引入了 Beeple，FEWOCiOUS，Jones 等重量级加密艺术家，其约每隔 3 周会与名人合作发行独家 NFT。当然，其他艺术家也可通过官网申请发行NFT。

在创作者售卖过程中，Nifty Gateway 首次销售收取 5%的销售费，二次销售同样收取 5%，以及 0.3 美元的服务费。

对于收藏者而言，其只需完成电子邮件注册，即可在Nifty Gateway 上进行交易，且平台不收取任何 Gas 费，只在使用信用卡交易时会收取出价金额的 10%；对于创作者而言，Nifty Gateway 要求艺术家在申请时提交简短视频介绍，以及其中长期目标。

C. MakersPlace

MakersPlace 是个老牌加密艺术平台。2019 年 4 月，MakersPlace 宣布完成由私募基金 Uncork Capital 领投的 200万美元种子轮融资，参投方包括 Abstract Ventures，Draper Dragon Fund，Pinterest，Coinbase，Facebook 和 Zillow。

MakersPlace 对加密艺术品质量的把控极为严格，当前仅接受邀请（也可尝试申请）。MakersPlace 会为艺术家和创作者的每件 NFT 作品生成区块链指纹，以证明作品的来源和身份，且使之成为艺术品独特性的一种象征。即使该作品被复制，也不会有真实的原始签名版本。

对于创作者而言，MakersPlace 也是个低门槛平台，只需提供一张证件照，MakersPlace 就可为其生成的 ERC20代币，用于作品交易。不过，虽然 MakersPlace 是免费使用，但所有交易费用需由创作者或收藏者自己埋单。

而为了让创作者更为直观地了解自己作品的受欢迎程度，MakersPlace 引入了社交功能，创作者可通过浏览量、喜爱度等功能进行分析。同时，MakersPlace 还给每个创作者提供了一个独一无二的数位钱包，可存放自己的作品。

当创作者出售作品时，MakersPlace 将收取作品最终销售价格的 15% 作为佣金，剩余的 85% 归创作者所有。在作品每被二次销售时，MakersPlace 则固定收取版税的 5% 作为服务费，作者则可获得 10% 的版税。当然，无论是首次还是二次销售，任何通过信用卡出售的商品将额外支付给平台 2.9% 的费用。

目前，MakersPlace 接受信用卡、Paypal 和以太坊支付。

D. Rarible

Rarible 是个社区驱动型的、开源的、非托管的平台，允许任何用户创作和展示自己的作品，并拥有 NFT 的所有权。

2021 年，Rarible 完成 175 万美元种子轮融资，投资方包括 1kx，Coinbase Ventures，Parafi Capital，CoinFund 等。

相比其他交易平台，Rarible 更具去中心化特征。2020

年，Rarible 发行了治理代币 RARI，代币的引入很大程度上改善了销售流程和销售条件，通过"交易即挖矿"的玩法大幅提升了 Rarible 的交易额。

Rarible 除了每周会向平台交易者发放 RARI 代币奖励，其还允许平台最活跃的创造者和收藏家通过其治理代币创造者和收藏家为平台升级投票，并参与管理和审核。

Rarible 的铸币手续费由创作者自己承担，且版税也由创作者自行设定，默认金额为 10%、20% 和 30%，其将在首次销售中收取 2.5% 的服务费。

E. Super Rare

SuperRare 是个艺术创作者和收藏者的社交网络平台，其智能合约平台允许艺术家发布链上追踪的限量版数字艺术藏品，具备稀有特性、可被验证和值得收藏。

2021 年 3 月，SuperRare 完成 900 万美元 A 轮融资，投资方为 VelvetSea，1confirmation 领投，MarkCuban，Chamath Palihapitiya，Marc Benioff 跟投。

SuperRare 对艺术家有着严格的审核标准。艺术家要想入驻 SuperRare，需向平台提出申请，只有通过审核的原创作者才能发售 NFT，且不能在互联网上的其他地方进行代币化。同时，SuperRare 每周也会对艺术家进行一次审查。

当然，在高严格要求下，SuperRare 对加密艺术家也有着不错的激励机制，不管初始价格如何，艺术家们都可收获每笔交易价格的 10% 作为版税。

在 SuperRare 平台上，其将在初次销售中收取 15% 的佣金，在二次销售中收取 3% 的费用（由买家支付）。

F. VIV3

VIV3 是近期大火的底层平台 Flow 上的首个综合 NFT 市场，其最显著的特征之一是可组合性。

在 VIV3 上，每个创作者的所有作品都是由他们自己的区块链智能合约铸成的。这种机制下，Flow 生态系统中的任何应用都可以直接与各个艺术家的合约进行整合，而不必影响整个市场池。这使得无数新用户可以建立在单个资产或集合之上，解锁了前所未有的体验。

创作者可无须 Gas 费在 VIV3 上创造 NFT，而 VIV3 的 NFT 铸造成本和利润来自其在首次和二次销售收取的 12.5% 的服务费。而创作者除了可收取 87.5% 的收益外，还可收取 10% 作为版税。

G. Zora

Zora 提供限量版代币化产品，是一个邀请制的加密艺术平台。

2020 年 10 月，Zora 完成 Kindred Ventures 领投的 200 万美元种子轮融资，Trevor McFedries，Alice Lloyd George，

Jeff Staple 和 Coinbase Ventures 等个人或机构参投。

根据 Zora 的规则，每位新加入的艺术家有 3 个邀请名额，可邀请好友或者其他艺术家。2021 年 2 月，Zora 引入了验证机制，支持艺术家申请加入 Zora。

在 Zora 中，创作者可设置创作者份额，也就是其未来所有销售分成的百分比。这些收入将通过智能合约自动支付，且是可审查的。

H. Foundation

与其他"申请审核制"的平台不同，Foundation 是一个邀请制的 NFT 艺术平台，只有受邀请的艺术家的作品才能被上架。

Foundation 采用了社群主导的策展模式，先通过邀请 50 位艺术家到平台上，然后向这些艺术家赠送 2 个邀请码。当入驻的创作者在平台成功售出一件原创作品后会获得 2 个邀请名额，可以邀请新人。而若当被邀请者同样成功出售首件作品时，也可获得 2 个邀请码。值得一提的是，如果艺术家恶意买卖邀请码，将被剥夺永久入驻资格。

除了点对点邀请，"Community Upvote"是一种新入驻方式，所有经过 Twitter 认证的社群成员在加入"Community Upvote"后可获得 5 票用于支持 5 位可入驻的艺术家，排名前 50 的艺术家可加入 Foundation 创建 NFT。不过，未来

Foundation 不排除将"Community Upvote"作为创作者主要入驻途径。

除了特殊的邀请机制，Foundation 的销售机制同样特别，艺术家在将作品上传时需先设定底价，在首个出价后，这件作品会自动开启为期 24 小时的拍卖。

Foundation 上生成的 NFT 将会自动在 OpenSea 上发行，其会在作品成功售出后收取 15% 的服务费，剩余的 85% 则归于创作者。而二次销售时 Foundation 则收取 10% 的服务费，而创作者可永久获得 10% 的版税，OpenSea 每 1~2 周会支付一次。

I. KnownOrigin

KnownOrigin 是个老牌加密艺术平台，由于其无限制的模式使得大量的艺术家申请，目前其已暂停申请。KnownOrigin 的投资方为欧洲区块链开发实验室 BlockRocket。

根据 KnownOrigin 的规定，创作者在申请成功后，可每 24 小时上传 1 件作品。当作品被首次销售后，KnownOrigin 会收取 15% 的服务费，创作者获得 85% 的收入；而在二次销售中，平台将收取 2.5% 的服务费，创作者可获得 12.5% 的收入，卖家则获得 85% 的收入。

当然，如果创作者和其他艺术家进行合作，其可在

NFT 铸造时预先设定每笔销售的百分比，例如 10%、25%、50% 等。

J. Async Art

Async Art 是个建立在以太坊上的可编程加密艺术平台。2021 年 2 月，Async Art 宣布获得 200 万美元种子轮资金，Lemniscap 领投，其他投资方包括 Galaxy Interactive，Signum Growth Capital，Semantic，Blue Wire Capital，Collab+Currency，Inflection，Divergence Ventures，The LAO 和 Placeholder。

Async Art 的作品由"Master"和"Layer"两部分组成，Master 是作品的主体形式，一个 Master 可由多层 Layers 构成，Async Art 允许艺术作品根据图层变化而进行变化。

创作者在申请成为 Async Art 艺术家后，无需任何编程知识，只需在作品上传过程中，将作品切为图层即可。在作品出售中，创作者可设置"立即购买"或者"开放式拍卖"，拍卖结束时间由自己决定。

Async Art 在作品首次销售中将收取 10% 的服务费，剩余 90% 归艺术家所有；二次销售中则收取 1% 的服务费。当然，创作者还可获得 10% 的版税。不过，对于定制艺术品，Async Art 将收取 20%~30% 的服务费，创作者则获得 70%~80% 的收入。

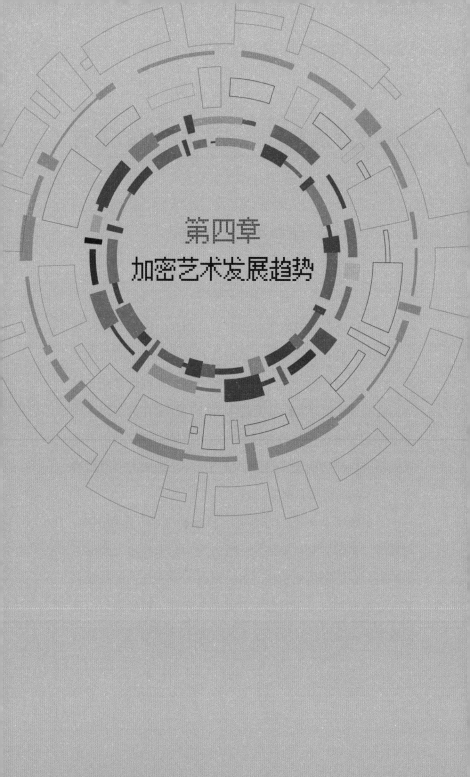

第四章

加密艺术发展趋势

# 加密艺术发展对未来艺术产业的影响

## ◇ 加密艺术的价值 ◇

### ☆ 实现艺术品溯源与确权 ☆

（1）传统艺术领域里收藏的真假问题、权属问题因其不透明性一直备受抨击，这是困扰着艺术品收藏的很重要的方面。因为传统艺术作品很难确定真伪、很难看到它每次流转的真实信息，而加密艺术 NFT 的所有作品是用区块链的基础来搭建作品的数据层，是可以确定真伪的，也能查到每一次流转的真实信息，价格是完全透明的，因此解决了艺术品的确权和溯源问题。

（2）数字艺术品，可以完美复制和分享，比如图像、视频等，是很容易被复制的，所以数字艺术品的收藏价值被降低。在法律层的执法之外，没有一个办法去追踪数字艺术品的版权以及追查数字艺术品的转移。但如果创作者把数字作品发行了 NFT，这个 NFT 就代表了对这个作品的所有权，加密数字资产技术可以给艺术品加上一个数字指纹，观察到每一个曾经持有它、出价或转让它的地址，从而可以追溯其原件，对其进行追踪及验证。解决了数字作品的所有权以及其数字化的稀缺性，从而解决了数字艺术品的收藏价值问题。

## ☆ 增加艺术品的可交易价值 ☆

传统艺术品在运输、仓储的过程中对环境有着极高的要求，而 NFT 艺术品没有物流运输的环节，并且 NFT 艺术品因为其在线交易并在线获得拍品的方式，交易不再需要中间商的介入，十分便捷。解决了安全问题的 NFT 艺术品有可能使交易频次增加，降低收藏的门槛，吸引新一代拥有加密知识相关背景的藏家进入艺术收藏领域，而本来就在艺术领域里的传统藏家、艺术家、投资者和评论家也会通过了解加密技术和数字艺术进入加密领域。从宏观的角度看，数字艺术的 NFT 市场未来可能赶上甚至超过传统实物的艺术品市场。

## ☆ 为创作者提供更好的经济效益 ☆

众所周知，艺术市场的问题是传统艺术家的作品一旦销售出去，只能一次性地从画廊或者拍卖行获得作品的收益，难以实现二次销售的收益。而加密艺术，可以解决这个问题。加密艺术品拥有可溯源性，且交易环节通过智能合约执行，加密艺术作品的交易中，艺术家或平台通过将每笔未来链上出售的分润条件写入合约。艺术家可以介入自己作品的二级市场，这将是艺术家在历史上第一次参与到二级市场的分润，把行业的话语权还给了创作者，今后，作品的每一次再流通，艺术家都可以获得智能合约中约定比例的创作权分润，从而可以让艺术家拥有追续权，实现作品的永久收益分成。除此之外，可编程性还可以帮助数字艺术品实现份额化交易，这可能是文艺复兴后艺术家第一次在艺术品交易市场上占据了主导地位。

# 加密艺术与未来的生活方式

在可预见的未来，加密艺术品或许会更加紧密地与现实世界连接，实现更大的功能与价值。让我们来描绘一下畅游在加密艺术世界里的一天。早晨起来，去 OpenSea 浏览一下有没有上新的加密艺术品，顺便看一下我已经收藏的项目价格走向。然后我走进线上加密艺术品的拍卖场，看一看有哪些我感兴趣的艺术家的作品上拍了。我建立一个自己在虚拟世界的身份，戴上 AR 体验设备，进入 Metaverse 的世界，参与各种活动，随时去想去的地方，想做什么就做什么，结识来自世界各地的朋友。我可以尽情创造艺术，消费艺术，建造属于自己的展览馆，将自己的加密艺术品陈列在展览馆内。开始我在 Metaverse 世界的一天。我也许去其他朋友的线上展馆拜访一下，欣赏他们的藏品。然后我加入了元宇宙的游戏当中，为了能够使用最厉害的装备，我不得不把我早期买的一些藏品卖掉，瞬间实现了藏品与装备的交换。同时还可以带着自己的虚拟身份访问其他领域。在未来的世界里，加密艺术品将与我们的生活发生更加紧密的联系。

通过体验这样的生活方式，我们认识到 NFT 艺术品通过创造"价值链"来赋予区块链能量。因为，在开启区块链前的时代，我们从来没有能够真正拥有属于我们的原生数字物品，但现在我们具备拥有一切的可能。

假如你是一名游戏玩家，你一定在你最喜欢的游戏产品、游戏角色中投入了很多时间、精力和金钱。你一定不想失去，甚至想证明其为你所有。其实，游戏资产的背后都暗含着价值，现在你可以在加密世界中为其定性、定权、定价。

假如你是一个时尚玩家，在加密艺术横空出世后，你一定不满足于只在现实世界中拥有那些时尚单品。随着人们开始在虚拟环境中花费越来越多的时间，虚拟外观也变得更加重要。2021 年 5 月，在 Roblox 的一个项目中，一个 Gucci 包的售价甚至超过了实体包的市场价格。因为，在虚拟世界中，人们同样需要社交，需要消费，需要个性化的标签，同样需要品牌归属感。而时尚品牌涉足加密艺术领域，时尚与艺术必然会碰撞出令人心动的火花。

加密艺术将不只改变我们的消费生活方式，工作方式可能也将有新的生机。远程工作不仅会架设在线上，还将架设在链上，甚至还将催生出虚拟环境中各行各业的职业角色。就已知的信息来看，今天，大多数靠视频游戏和虚拟世界谋生的人都是流媒体或内容创作者，他们从实际应用的"外部"获得收入。他们通常将游戏或虚拟环境作为一种娱乐形式或内容创作工具。现在，NFT 已经初步实现了所谓"Play to Earn"的商业模式，职业玩家可以通过玩游戏，赚取 NFT，然后将这些 NFT 卖出换取收益。每个用户都能设计游戏内的游戏，或是元宇宙的元素，并通过完成任务或者完成游戏获得收益。

未来，我们可以期待在虚拟世界中出现虚拟的加密艺术策展人、拍卖行等艺术产业参与的主体。加密艺术产业将作为推动未来加密世界新经济发展的一股重要力量。因为，未来围绕加密艺术 NFT 创建的经济发展模式，将与今天现实世界的经济模式截然不同。我们可以消耗更低的成本，可以激发艺术家更大的想象，可以采用更直观的展览欣赏方式，可以使用最便捷和可靠的交易手段，围绕这些环节的日常经济活动的背后可能就是一串数字或者代码。我们将实现消耗更少的资源，创造更大的价值，在虚拟世界中积累属于我们自己的虚拟财富，建立属于虚拟世界的经济系统。

# 加密艺术与元宇宙

## ◇ 元宇宙（Metaverse）的概念 ◇

一个持久的、活生生的数字世界，一个网络化的虚拟现实，通过科技手段，元宇宙的用户可以创建新的宇宙和文明，为人们提供了一种存在感、社交呈现和共享的意识空间，参与具有深远社会影响的庞大虚拟经济的能力。

## ◇ 元宇宙的特点与呈现 ◇

作为人类社会的平行数字时空，我们认为元宇宙具备以下特点。

1. 经济系统稳定：元宇宙有着和现实世界相似的经济系统，用户的虚拟权益得到保障，元宇宙内的内容是互通的，用户创造的虚拟资产可以脱离平台束缚而流通。

2. 虚拟身份认同强：在元宇宙中的虚拟身份具备一致性、代入感强等特点，用户在元宇宙以虚拟身份进行虚拟活动。一般依靠定制化的虚拟形象、形象皮肤、形象独有的特点让用户产生独特感与代入感。

3. 强社交性：元宇宙能提供丰富的线上社交场景。

4. 开放自由创作：元宇宙包罗万象，离不开大量用户的创新创作。如此庞大的内容工程，需要开放式的用户创作为主导。

5. 沉浸式体验：游戏作为交互性最好、信息最丰富、沉浸感最强的内容展示方式，将作为元宇宙最主要的内容和内容载体。同时，元宇宙是 VR 虚拟现实设备等最好的应用场景之一。凭借 VR 技术，元宇宙能为用户带来感官上的沉浸体验。

## ◇ NFT与元宇宙的关系 ◇

元宇宙这一概念源于美国作家 Neal Stephenson 于 1992 年出版的科幻小说《雪崩》(*Snow Crash*)。"meta"意为"超越""元"，与"Universe"（宇宙）相结合，即"元宇宙"。

元宇宙是 NFT 领域的最佳应用之一，随着不断新增的创新使用场景，NFT 实际上可以代表任何类别的数字资产，因此具有非常大的市场潜力和增长空间。在元宇宙中，游戏、用户生成的内容、艺术、金融、虚拟形象、多人游戏和社交，对玩家而言是具有有形价值的概念。

简单来说，元宇宙是一个既可以映射现实世界又独立于现实世界的虚拟空间。然而，关于元宇宙最令人兴奋的不只是技术层面上的构建，一个具有可靠经济系统、虚拟身份与资产、强社交性、沉浸式体验、开放内容创作的数字时空，更是改变彼此现有社交方式的巨大潜力。元宇宙包含以下几个元素：Metaverse（元宇宙）= Create（创造）+Play（娱乐）+Display（展示）+Social（社交）+Trade（交易），而正是这几部分的组成，使得代币治理以及 NFT 很可能会在元宇宙的虚拟经济中扮演重要角色。

## ◇ 元宇宙对加密艺术的影响 ◇

元宇宙是承载人类虚拟活动的平台，用户能进行社交、娱乐、创作、展示、交易等社会性、精神性活动。它为人们提供了一种既可以映射现实世界又独立于现实世界的虚拟空间，在这个空间里拥有存在感、社交呈现和共享的意识，拥有参与具有深远社会影响的庞大虚拟经济的能力。元宇宙的核心在于可信地承载人的资产权益和社交身份。

NFT 能够映射虚拟物品，成为虚拟物品的交易实体，从而使虚拟物品资产化。可以把任意的数据内容通过链接进行链上映射，使 NFT 成为数据内容的资产性"实体"，从而实现数据内容的价值流转。因此，NFT 可以成为元宇宙权利的实体化，并促进权益的流转和交易。

当前，加密艺术在元宇宙最炙手可热的应用有CryptoVoxels 和 Decentraland，由 CryptoVoxels 和 Decentraland所展现的元宇宙场景，更清晰地将自己定位于能够举办所有类型活动的展示场所，包括各种艺术展和艺术交流活动。

案例：Cryptovoxels

## Cryptovoxels 是什么？

Cryptovoxels 是建立在以太坊区块链上的虚拟世界。这个世界由一个叫作"起源之城"的城市组成。这个城市里有街道，街道由各种各样的公司拥有；城市里还有地块，由个人拥有。如果你有以太坊钱包，你可以在 Cryptovoxels买下地块。

## 地块是什么？

Cryptovoxels 中的土地是由 6 个数字（x1，y1，z1，x2，y2，z2）表示，它们形成了地块的边界。地块大小是城市生成器随机生成的，该生成器也会创建街道。

每个地块至少有 2 条街道相邻，因此玩家可以自由地从一个地块走到另一个地块，互相交流以及观看其他人的建筑。目前，Cryptovoxels 中已经有了 2 000 多个地块和 1 000多条街道。

## 地块的主人可以做什么？

地块所有者可以在他们拥有的地块上建房。他们可以在地块上添加或者去除一些元素和功能。他们还可以将自己的地块做成沙盒类地块，这样任何人都可以免费在这个地块上搭建房子。地块上包含的功能有：音频、按钮、图像、立体像素模型、文本、3D 文本和 gif 图片等。地块所有者可以使用世界范围内的建筑工具来创建商店、画廊或任何其他类型的建筑物。

Cryptovoxels 虽然定位是一款区块链沙盒游戏，但功能不限于建造房子，目前它的发展趋势包括提供创意空间，搭建社交平台，发展 NFT 商务平台。在 Cryptovoxels 的虚拟世界里，人们甚至可以对现实世界的物品、资产进行一一复刻。

画家、音乐家、平面设计师、3D 建模专家、数字艺术家以及各种类型的创作者，在 Cryptovoxels 中发挥想象，施展自己的才华。玩家通过添加 URL 网页链接、图像链接、音频片段、视频片段和 NFT 链接等功能时，这座城市中就会呈现图片、标语、雕像、视频和游戏等内容，城市会变得鲜活富有生机。

**怎么买地块？**

Cryptovoxels 里所有的地块，都可以在 OpenSea 上购买，由出售者自由定价。越靠近中心区域或者建筑密集区，地块的价格就会越高。例如法兰克福区域。

当玩家拥有土地后，可以打开菜单控件，添加 2D 或 3D 文本、图像、音频、视频、程序脚本按钮等，然后单击要放置的位置。搭建就像玩积木一样简单。除了简单的基础建筑之外，还可以添加超链接连接到指定网站。

在 Cryptovoxels 中，原始地皮的供应量是有上限的，当最初的 3 026 块土地完全售卖后，如果要继续对地皮进行投资只能从二级市场（比如 OpenSea）购买。在 NFT 领域，Cryptovoxels 非常受到从事加密艺术家的欢迎。加密艺术家希望自己的作品或藏品能够在虚拟世界里得到很好展示的机会。比如，艺术家构建一个自定义的展览馆，把自己的 NFT 艺术品置入其中展览，其他用户可以在展览馆中观赏或直接购买艺术家的作品。随着越来越多的创作者与收藏家进入 Cryptovoxels，将促进更多的买家涌入，将会源源不断地产生流动性，核心区及周边地皮价值将会随机得到提升。

所以，更广泛地说，艺术家围绕 NFT 创造艺术，将会是未来社会生活的催化剂。艺术 NFT 具有光明的未来，这要归功于区块链技术对构成这个新的艺术生态系统的可适性和集成性。

当然，元宇宙还需要证明自己，并持续突出它为艺术活动服务的功能，为加密艺术家和加密艺术市场带来更强的可视性。随着时间的推移，随着元宇宙的发展，加密艺术作为数字资产，可以在元宇宙的虚拟空间中展示、流转交易，并可能会因此诞生一系列的全新生态，这必将对艺术领域的创作、交易方式等产生深远影响。我们且拭目以待。

# 附录一

## 加密艺术
## 数字艺术向元宇宙迁移的"摆渡人"

（杨嘎 中央美术学院 2019 级博士）

**内容摘要：** 2021 年，加密艺术主导了艺术界的辩题。
本文系统地梳理了加密艺术的发展历史脉络与现状，探讨
了加密艺术的价值及共识，阐述了加密艺术与数字艺术的
区别与联系，并基于 NFT 发展的现状与趋势，对加密艺术
未来的发展方向进行了思考，探索了加密艺术在未来元宇
宙应用与呈现的可能性。

**关键词：** 加密艺术 数字艺术 NFT 元宇宙

2021 年以来，加密艺术得到国际国内艺术界越来越高
的关注度。作为加密艺术的重要表现形式，NFT 艺术品自
2020 年到 2021 年发展势头迅猛。短短一年多的时间，以
Cryptopunks（加密朋克）为代表的 NFT 艺术品在国际艺术

品拍卖市场掀起了一股巨大的热潮。著名艺术家 Beeple 的作品 *Everydays：The First 5 000 Days* 被拍出天价，国际顶级拍卖行 Christie's( 佳士得 )、Sotheby's（苏富比）屡屡创造 NFT 作品的成交价格纪录。在这股热潮中，一方面，出现了一大批不仅被市场看好同时也被艺术界接受的"头部" NFT 艺术品项目，有的主流艺术博物馆还收藏了部分加密艺术作品；另一方面，NFT 交易平台得到迅速发展，有综合类的 NFT 交易平台 OpenSea，有专业从事 NFT 艺术品交易的 SuperRare，Foundation，还有社区互动性质的平台 Rarible。DappRadar（DappRadar 是全球领先的 dapp 市场数据和 dapp 分发平台）的数据显示，2021 年第一季度全球 NFT 销售额突破 20 亿美元，环比增长至少 20 倍。

当诸多海外 NFT 项目的交易规模和总市值增长迅猛不断突破人们的想象之际，中国的艺术市场也产生了不小的震动，不少国内本土的拍卖行或者加密艺术交易平台纷纷跟上节奏，先后布局 NFT 项目。近期，中国著名艺术家徐冰的首件 NFT 太空艺术作品《徐冰天书号》，上线即被某神秘藏家抢购。国际著名艺术家蔡国强的首个 NFT 项目《瞬间的永恒——101 个火药画的引爆》则以 250 万美元成交，创下非加密领域艺术家 NFT 作品最高成交纪录。北京、上海等多个城市先后举办了多场 NFT 数字艺术品的展览和高峰论坛，可以说，一时间与 NFT、加密艺术相关的概念与话题博得了艺术界较高关注度。加密艺术是什么，与数字艺术、NFT 有何种关系，未来的发展方向在哪里，将会与元宇宙概念产生怎样的碰撞，本文将对其进行梳理、阐述与思考。

## 一、加密艺术的基本共识

当今，对加密艺术这个概念尚没有一个准确、全面、清晰的定义。但是有一个基本的共识是，加密艺术是与区块链技术相关的一类艺术。目前主要通过 NFT 方式，将传统的艺术品或数字艺术品铸造在区块链上，实现艺术品的加密、持有和流通。加密艺术品与传统艺术品相比，能够确认艺术品的独一无二性，并能对其创作者及历任所有者做出明确的辨识。因其所有权唯一、表现形式独特、具有数字稀缺性的特点，加密艺术品通常被赋予额外价值，也被认为是一种数字资产。艺术家基于互联网思维进行艺术构思，使用互联网、区块链技术开展艺术创作，艺术作品完全通过线上链上的方式交易与存储。这是加密艺术品相比传统艺术品产生额外价值的基础。同时，加密艺术品更加容易进行所有权溯源与真伪鉴定，区块链链上交易的特性使得买家信息更易匿名，流动性也会得到更大程度的提升，因此，在交易层面，加密艺术品比传统艺术品有更大溢价空间，会带来额外的经济价值。所以可以认为，加密艺术是真正生长在互联网上的艺术。

按照现在社区和用户的共识理解，现阶段加密艺术主要有以下几个特点：一是去中心化。由区块链技术支撑，艺术品确权或者存储在去中心化的区块链上，由持有者真正拥有，艺术家可以不受限于第三方或中间人进行发行。二是无需许可。任何人（无论种族、国籍、地理位置）都可以进行交易、转移，甚至销毁。三是宽泛的艺术形式。不拘泥于图片形式，可以是动图gif、影像，目前也已经发展出了可编程的艺术品形态。四是开放和有效的价值衡量。艺术品的价值取决于用户的喜好以及开放交易市场的自由交易价格。加密艺术的特点与其创作来源不无关系。

从加密艺术的创作来源来看，加密艺术可以分为原生加密艺术与非原生加密艺术。原生加密艺术作品是由创作者使用数字技术、区块链技术创作或记录的数字艺术品，包括直接由编程产生的艺术作品，并将作品存储在IPFS或其他分布式存储，通过智能合约上链生成NFT。创作者法律意义上的主体是自然人、法人或机构。创作工具是数字技术，如计算机软件、数码照相机、数码摄像机等。非原生加密艺术作品是由创作者使用非数字技术工具创作的艺术品，比如，油画、水墨画、胶片创作的照片、铜版画、石版画、木版画、雕塑、其他综合材料作品，通过数字技术转换工具，将实物作品转换成数字文件并存储在 IPFS 或其他分布式存储，并通过智能合约上链生成 NFT。创作者法律意义上的主体与原生加密艺术作品一致。创作工具，或者说数字技术转换工具，是数码照相机、数码摄像机、计算机软件等。简单来说，非原生加密艺术作品是对传统艺术作品进行加密升级，成为加密艺术品，加密的是一种"历史"。而原生加密艺术直接采用数字技术或者区块链思维与技术创造区块链艺术作品，打造加密艺术 IP，并通过智能合约，赋予加密艺术发展的无限可能性。因此，原生加密艺术作品更像一种区块链"生成艺术"，其应是加密艺术的"未来"。

由于当今众多加密艺术品均以"电子化"的方式呈现给公众，因此，一个普遍的共识为加密艺术是基于数字艺术发展而来。因为笼统地看过去，两者均踩在计算机或信息技术的车轮上滚滚而来。但是，笔者以为，从上述加密艺术的分类可知，相较于认为加密艺术"源"于数字艺术，不如更准确地说是"源"于区块链技术。区块链技术才是加密艺术的"基因"，数字艺术只是加密艺术的"血肉"，两者不存在直接的因果关系。为了更加全面准确地认识加密艺术，把握它在艺术世界中的方位以及未来发展的方向，有必要对其与数字艺术的关系及有关概念做进一步厘清。

## 二、数字艺术的发展以及与加密艺术的关系

数字艺术是纯粹由计算机生成、既可通过互联网传播又可在实体空间展示、能够无限复制并具有互动功能的虚拟影像或实体艺术。它起源于1985年，发展至今已经近40年的历史，数字艺术的真正起点要从计算机艺术算起。1952年，美国数学家、艺术家和绘图员本·拉波斯基（Ben Laposky，1914—2000）使用早期的计算机和电子阴极管示波器创作了他名为《电子抽象》的黑白电脑图像作品。Ben Laposky使用受控的电子灯照射到示波器CRT的荧光屏上，产生出各种数学曲线，他把这些显示在示波器屏幕上的电子振动使用高速胶片将获取的图像拍摄下来，通过加入变速电动旋转过滤器给图案上色，使之成为彩色作品，这种还看上去酷似现代艺术中的抽象艺术作品，形成了世界上第一幅计算机"艺术"作品。

随后，许多艺术先锋们有效地使用了可用的技术，通过将"电子"和"抽象"结合起来，如进入20世纪70年代后，开始出现了最早的计算机绘画软件。20世纪80年代，由计算机图形技术和多媒体设计的普及和深入，特别是图形图

《电子抽象》的黑白电脑图像作品　　Ben Laposky 的计算机彩色艺术作品

像多媒体技术的发展和成熟，计算机可以整合图像、声音、文本、影像，并可随意进行编辑，在艺术领域极大地帮助了艺术家从事数字媒体艺术创作和图像处理工作，艺术家们已不再需要具备高深的计算机编程技能来进行艺术创作，而是运用新的观念、语言与呈现手段，通过借用、调转、再挪用数字技术，将艺术家的观察、思考与艺术创作结合创作出新的艺术形式。在数字技术快速发展的前提下，各种艺术门类几乎都与数字技术产生了关联，其中最具普遍性和最先发生变革的就是影像艺术、影像装置艺术、数字特效。数字技术的出现也成功地为电影打开了一个新的时代。美国好莱坞一大批科幻电影在全世界风靡，正是源于数字技术带来的巨大影响力。《星球大战》《泰坦尼克号》《星际旅行》《侏罗纪公园》等大片的制作就是应用早期的

"数字3D技术"。

当前,数字技术与加密艺术最为接近的一种形式即为数字虚拟艺术,通过利用计算机建模技术、空间、声音、视觉跟踪技术等综合技术,可以生成集视、听、嗅、触、味觉为一体的交互式虚拟环境,实现作品由静态的观看到动态的体验。如2010年上海世博会上被视为中国馆镇馆之宝的百米动态版《清明上河图》就是以数字虚拟艺术的形式展出,给观众带来了前所未有的交互式体验。随着人工智能技术的发展,数字艺术与人工智能技术融合产生了新的数字艺术形式人工智能艺术(Artificial Intelligence Art)。有一些艺术家已经在科技原理和AI逻辑的启发下进行艺术创作。2018年10月,佳士得拍卖行在纽约以43.25万美元(约人民币300万元)的价格售出了一幅由人工智能绘制的画作 *Edmond de Belamy*。画作的右下角还有一个奇怪的署名,标志着这幅画真正的作者为一串算法公式,该作品的拍卖被认为"人工智能艺术进入了世界拍卖舞台"。[1]

计算机艺术诞生60年,数字艺术发展了近40年,从数字艺术的发展历程看,数字艺术史的演进紧密地依托计

---

1 [美]加布·科恩.佳士得的人工智能艺术品以432,500美元成交[N].纽约时报.2018年10月27日印刷,纽约版C部分,第3页.

資料图：人工智能画作 *Edmond de Belamy*
佳士得拍卖行官网

算机、信息、影像等现代技术的进步。虽然加密艺术的出现一样是与计算机、互联网技术的发展紧密相依，但是两者却有本质的不同，这对于判断和展望加密艺术未来发展走向至关重要。

从创作思想和媒材而言，加密艺术与数字艺术两者具有相似性，思想即内容，工具即计算机技术。虽然非原生加密艺术与数字艺术的来源具有相同之处，即使用计算机或信息技术创作的作品。但是加密艺术一个巨大的不同在于，创作者不仅可以通过数码工具扫描、拍照等方式，将作品借由区块链技术铸造成加密艺术品。还可以基于区块链技术，通过算法技术直接在区块链上生成艺术作品。尤其是原生加密艺术作品，通过区块链智能合约的方式，直接产出可编程的加密艺术作品，颠覆了传统的艺术创作方式，与创作数字艺术站在了不同的维度上。

从欣赏展览方式而言，部分加密艺术品和数字艺术品均可以通过视觉化的方式呈现出来，比如图片、视频等。但是数字艺术品仍然是基于物理存储介质而展现给观众，加密艺术除了依托于传统的视觉呈现方式，如众多 NFT 艺术品同样以图片、3D 电子模型、视频的方式展示给公众，还可以在目前元宇宙的初步形态中在虚拟空间内进行展示。

从收藏方式而言，数字艺术领域里艺术品的收藏大多是在权威的收藏机构如博物馆、展览馆等，也包括个人收藏家的手里，但困扰着传统艺术品收藏的问题一直存在，例如私人收藏者手中艺术品的真假问题和传承有序的查证问题，是很难确定真伪和看到它每次流转的真实信息的。但是加密艺术可以将传统艺术品数字化并映射到链条上，通过区块链不可篡改的技术特征去解决版权问题和可追溯问题，解决了过往的艺术品销售和拍卖当中暴露出的真假问题和价格不透明问题。收藏加密艺术甚至不需要电脑，只需要记住区块链钱包的账号和密码，这是传统收藏方式无法企及的。

从交易方式而言，传统的数字艺术品需要经过艺术家（创作者）、画廊（一级市场）、批评家（作家/作者）、拍卖行（二级市场）、收藏家（投资者）、博物馆的参与完成艺术品的价值建设，它需要一个相对漫长的过程。对于艺术家来说，作品一旦销售出去，只能从画廊或者拍卖行获得一次性的作品收益。相比之下，加密艺术拥有可溯源性，交易环节通过智能合约执行，作品将直接转移到买方钱包中，同时相应的对价货币会转移到卖方的钱包中。交易即时性的特点保证了艺术家出售艺术品"秒级"回款，无须担心由于画廊、拍卖行等诸多交易主体参与交易环节而造成的回款时间冗长的问题。同时，有了智能合约的加持，让艺术家从数字艺术资产后续的每一次流转"分得一杯羹"成为可能。

从加密艺术与数字艺术的区别与联系中可以看出，数字艺术仅仅是作为一种"数字化"的艺术作品存在。加密艺术的出现，打破了传统艺术品的创作、收藏、观看及交易模式，并建立了虚拟世界交易的共有秩序，这是区块链对艺术最重要的创新之一，它创造出可证明版本唯一性的数字商品。对于艺术家们来说，加密艺术的交易是艺术家在历史上第一次参与到二级市场的分润，因为作品的每一次再流通，艺术家都可以获得智能合约中约定比例的创作权分润，从而可以让艺术家拥有追续权，实现作品的永久收益分成，这就把行业的话语权还给了创作者。艺术品因加密属性，其所有权被数字化为可进行交易的代币，提高了艺术品的流动性。艺术家给抽象赋形，给概念赋形，给价值观赋形，在区块链世界塑造我们看不到的事物，不是再现真实，而是映射真实。

因此可知，加密艺术并不是由于数字艺术寻求表达、传播、交易方式的突破而产生的。仅仅是因为数字艺术其创作手段为电子信息技术，具有转化为加密艺术的天然优势，是"易加密"的艺术，因此更容易拥抱 NFT，更能追随加密艺术的浪潮。源于区块链技术的加密艺术为数字艺术繁荣提供了肥沃的土壤。数字艺术与加密艺术的关系并不是因果关系。因此，我们需要对加密艺术发展脉络有更加独立清醒的认识。

## 三、加密艺术的历史与现状

### （一）加密艺术发展基本脉络

追溯加密艺术的发展历史，我们可以从一个概念溯源说起。1993 年，Hal Finney（哈尔·芬尼）在 CompuServe 上与 Cypherpunks 小组分享了一个有趣的概念，即加密交易卡（Crypto Trading Cards），这是加密艺术载体 NFT 的概念雏形。2011 年美国人 Mike Caldwell 制作了一种实体硬币叫作卡萨修硬币（Casascius Coins）。这枚硬币可以看作加密艺术的一个雏形。每一枚 Casascius Coin 呈现了正反两面信息：一面是全息图；另一面则有一张贴纸，贴纸里嵌入了一个比特币地址和一个"私钥"。用这个私钥就可以打开对应的比特币钱包地址，并获得和 Casascius 硬币面额相等的比特币数量。这枚硬币同时承载了"设计艺术"与"比特币信息"两个特征，并且具有一定的"唯一性"，与今天的NFT 有异曲同工之处。2012 年 3 月，第一个类似 NFT 的代币 Colored Coin（彩色币）诞生。一个名为 Yoni Assia 的人写下了 *bitcoin 2.X (aka Colored Bitcoin) -initial specs* [《比特币 2.X（又名染色比特币）—初始介绍》] 的文章，描述了他关于 Colored Coin 的想法。Colored Coin 由小面额比特币组成，最小单位为一聪 ( 比特币的最小单位 )。Colored Coin 展现出现实资产链上化的可塑性及发展潜力，奠定了

Casascius Coin

NFT 的发展基础，这被认为是 NFT 概念的萌芽。

2014 年，英国艺术家 Rhea Myers 在她的网站上发布了她创作的艺术项目《以太坊——此合约是艺术》。该项目使用了具有 JavaScript 元素的网络合约，允许用户在 Myers 的网站上运行 JavaScript 脚本时，可以在"此合约是艺术"和"此合约不是艺术"的画面之间来回切换。这种有点行为艺术味道的艺术表现形式，是最早能将网络合约与艺术建立联系的范例。2016 年 8 月，Counterparty 与北美销量第四纸牌游戏 Force of Will 合作在 Counterparty 平台发行卡牌。该事件之所以重要，是因为 Force of Will 是一家此前毫无区块链和加密货币经验的大型主流公司，此次合作表明主流游戏公司将游戏资产带入区块链的价值，是一次具备象征意义的探索与尝试。要谈及真正与区块链发生关联的加密艺术工具，就是 2016 年 Joe Looney 创建的 The Rare Pepe Wallet。The Rare Pepe Wallet 创造了许多个第一：第一个可以在区块链上购买、出售、交易或销毁艺术品的区块链社区；第一次将稀缺的数字艺术品搬运到物理介质上；第一次创造出与区块链相关的数字艺术品，突破了以往数字艺术品只能在电脑这样的设备上呈现的状态。

当然，以上这些项目仅仅是利用区块链上的元素创造艺术，还未触碰到 NFT。直到后来，以太坊诞生了

*Forever Rose* (Kevin Abosch, 2018)

NFT，彻底加速了加密艺术的发展进程。至于哪个项目是首个 NFT 艺术项目，目前业界还存在争议。比如，早先有 MoonCatRescue 等 NFT 项目。比较受人关注的项目有，2018 年加密艺术家 Kevin Abosch 使用了一种类似投票的系统出售了他的 ERC20 代币作品 *Forever Rose*，有 10 名投资人花费了 1 000 000 美元购买了这件加密艺术品。这在当时，也创造了最大的单件数字加密艺术销售额。[1]

　　但是从标准化的代币模型、艺术生成方式、链上数据

---

1　[ 中 ]INSIDE. 专访摄影大师艺术将被区块链分割、扩散，永远存在 [EB/OL].https://www.inside.com.tw/article/12044-interviewing-kevin-abosch-about-blockchain-and-art.2018-02-22.2021-08-15.

存储方式以及对以太坊网络产生重大影响这几方面考量，没有其他项目可以像 Larva Labs 开发的 CryptoPunks 这么具有影响力。2017 年 6 月 22 日，John Watkinson 和 Matt Hall 两位本是计算机技术领域的专家意识到他们可以创造一种原生于以太坊区块链上的独特角色，决定通过细微的改动来创建属于自己的 NFT 项目 CryptoPunks。总量上限为 10000 个，只要拥有以太坊钱包，任何人均可免费索取 CryptoPunk 虚拟角色人物，所有 10000 个 Cryptopunks 迅速被认领，并由此造就了一个繁荣的 Cryptopunks 二级市场。2021 年，CryptoPunks 的 NFT 在拍卖行以创历史的天价成交。随后，加密艺术市场进入了发展快车道。

2018 年 7 月 17 日，著名的佳士得拍卖行举行了第一次艺术＋技术峰会，深入探讨了区块链在艺术市场中的潜在应用，峰会引发了一个重要的讨论焦点，即：艺术界是否准备好迎接区块链应用。加密艺术成为艺术市场上一个严肃且不可回避的议题。其中区块链＋艺术的一个标志性的事件就是，2018 年 9 月 6 日，美国著名视觉艺术家安迪·沃霍尔 (Andy Warhol) 创作的一幅两米高的油画《14 把小电椅》在区块链艺术投资平台 Maecenas 上进行拍卖，在拍卖会上，《14 把小电椅》被转换成基于以太坊的数字证书，买家能够使用 ETH，BTC 或 Maecenas 自己的加密货币 ART 竞拍。

最终价值大约 170 万美元的加密货币在拍卖中获得了该艺术品 31.5% 的股份。[1] 至此，加密艺术迎来了"制作（基于加密技术）+ 交易（FT 购买）"的新发展阶段。

自 2018 年到 2020 年，NFT 市场规模增长了 825%，活跃地址数增长了 201%，买家增长了 144%，卖家增长了 113%。虽与其他加密货币市场相比，NFT 市场交易量较小，但其发展趋势显著。DappRadar 报告显示，2020 年 NFT 市场交易量增长 785%，达到 7 800 万美元。2021 年，NFT 开始爆发式增长，据 NonFungible 数据显示，2021 年第一季度，艺术领域 NFT 交易额达到了 8.6 亿美元，占全球 NFT 市场规模的 43%。第二季度 NFT 数字艺术品销售总额更是创下新高，销售额达到 25 亿美元（约合人民币 161.6 亿元）。OpenSea，SuperRare，MakersPlace 等主流加密艺术平台开始涌现并迅速被艺术品收藏者广泛接受。

从上面这些典型的事件和案例中可以归纳出加密艺术发展的一个简明逻辑，即：艺术品与区块链应用比特币进行弱关联（将比特币价值嵌入艺术品实体），早期区块链艺

1 [美]RealWire. 首个价值数百万美元的艺术品代币化并在区块链上出售［EB/OL］. https://www.realwire.com/releases/first-ever-multi-million-dollar-artwork-tokenised-and-sold-on-blockchain.2018-09-05.2021-08-15.

术品交易形态萌发（在早期区块链社区交易艺术品），艺术品通过 NFT 与区块链强拥抱（NFT 热潮催生了加密艺术品被大众认知并接受），加密艺术成为主流艺术品交易市场不可忽视的一个力量（拍卖行屡屡拍出天价加密艺术作品），NFT 艺术生态已渐次成型，链上生成艺术品并融入区块链生态将成为今后的一个重要趋势。

## （二）NFT 对加密艺术发展的作用

要深刻认识加密艺术就不得不提到一个至关重要的概念，那就是 NFT。在加密艺术发展历程中，NFT 扮演了"关键先生"的角色。因为当今加密艺术存在的一个主要形式就是构筑在以太坊上的 NFT。筑建于 ERC721、ERC1155 和 ERC998NFT 三种主要底层协议标准上的 NFT 不断升级完善，逐步实现了由代币高便捷性低成本的转账交易，发展为代币的打包交易及多场景应用。那么什么是 NFT？

NFT 全称为 (Non-Fungible Token)，即非同质化通证（非同质化代币），意为不可互换的代币，是相对于可互换代币而言的一种独特的数字资产。它是相对于同质化代币 (Fungible Token) 的一个概念。同质化代币我们已经比较熟悉了，如比特币 (BTC)、以太币 (ETH) 等。每一枚同质化代币都是相同的，都具有同样的属性，是可以互相替代、可拆分的。而非同质化代币，则是唯一的、不可替代的，具有稀缺性和不可分割的属性。因此可以用它来锚定现实世界中的物品，即标记具有非同质化特性事物的所有权，成为资产的链上权益映射。这个事物可以是一个数字资产，例如一个电子游戏道具，或者一件数字收藏品，也可以是一个实实在在的资产，例如，一栋房子、一辆车、一件艺术品。NFT 使我们能够将任意有价值的事物通证化，并追溯该信息的所有权，从而实现信息与价值的交汇。目前 NFT 技术的主要应用领域还包括加密艺术品、数字收藏品、游戏、虚拟资产、现实资产、身份管理、媒体和娱乐、房地产等。至于为什么加密艺术品成为当下最火爆的 NFT 应

佳士得官方推特宣布
9 个 CryptoPunks 的数字艺术品
拍卖价为 16 962 500 美元

苏富比官方推特宣布
CryptoPunk7523
拍卖价为 1 180 万美元

用之一，2021 年几个著名的 NFT 项目或者案例可以让我们更清楚地接近和认识加密艺术。

首先在国际市场上，2021 年 5 月 13 日，来自 Larva Labs 的 9 个 CryptoPunks 的数字艺术品在 Christie's（佳士得）拍卖行以 1 696.25 万美元成交。6 月 11 日，CryptoPunks 的"蓝色外星人" NFT 在 Sotheby's（苏富比）拍卖行以 1 180 万美元成交，再创历史新高。7 月 7 日，迈阿密艺术博物馆（ICA Miami）宣布收藏 CryptoPunks5293 号的 NFT，这也成为第一件进入主流艺术博物馆收藏的 NFT 作品。其次在国内市场上，2021 年 5 月 29 日，加密艺术展《不一定》在北京 798 开幕，当月北京永乐拍卖公司成交了第一件 NFT 观念艺术作品《一立方米的信任》。

从这些成功的 NFT 艺术项目中可以窥见，相对于传统艺术圈的艺术作品，决定艺术价值有多方面的因素，不乏与作家背景、展览经历、收藏记录、专家背书等相关联。而在 NFT 艺术品世界里，艺术家、设计师，甚至是程序员，都可以将原先停留在案头或者电脑里的设计作品、程序代码等数字形态的事物通过 NFT 技术华丽转身，赋能成为加密艺术。更重要的是，相对于传统艺术品或者艺术资产，在公有链上发布 NFT，将艺术家的作品用 NFT 技术"搬"到"链"上，开发人员可以构建通用的、可重用的、可继承的所有非同质化通证标准，作品的所有权、基本属性、存储方式、访问、流通等基本要素全部被标记在链上，实现了标准化。开放的标准为读取数据提供了清晰的、一致的、可靠的、有权限控制的 API（Application Programming Interface，即应用编程接口。API 通过允许两个应用程序以预先确定的格式，比如，指定的语言、语法或消息传输速度来交换数据，实现两个不相关的系统之间的交互或者信息共享调用），可以让加密资产或者加密艺术品在多个生态系统间轻松地转移，实现互操作化。在加密市场这个更开阔、更自由的市场环境中，当开发者推出一个新的 NFT 项目时，这些 NFT 就立即可以在几十个不同的钱包（钱包，特指去中心化钱包。去中心化钱包是一种管理数字货币、数字资产的应用工具。通常，数字货币和数字资产存储在区块链网络的某个地址，通过钱包可以接收、发送、管理数字货币与数字资产。即：钱包通过服务器建立了一个通道，把钱包用户的各种操作指令发到区块链上，接收与发送的过程会在区块链全网进行广播，并被确认打包进区块。常见的去中心化钱包有：麦子钱包、Metamask）中查看。作为操作代币的主体可以从管理不同资产和交易的烦冗中解脱出来，实现了强大的可交易性。非同质化资产的极速可交易性会带来流动性的提升。NFT

Dapper Labs 开发的区块链猫咪养成游戏 CryptoKitties

市场可以满足各种受众的需求，从严格的交易者到较不成熟的交易者，都可以让资产更广泛地面向更多的购买者，实现了更顺畅的流动性。基于区块链的智能合约允许开发人员对非同质化代币的供应设置严格的上限，并赋予不能修改的永久属性。这种不可更改性吻合了艺术品的重要特点——稀缺性。像传统数字资产一样，NFT 是可以编程的。例如著名的 NFT 项目 CryptoKitties，直接在宠物猫咪的合约中写入了繁育机制，繁育出一代又一代特点各异的宠物猫咪，如眼睛、毛发、花色，等等。今天，许多 NFT 都捆绑了更复杂的机制，比如，锻造、制作、赎回、随机生成，等等。让加密艺术设计空间充满了各种可能的可编程性。[1]

无论 Cryptopunks 也好，CryptoKitties 也好，包括 Hash mask，BAYC，正是源于 NFT 的技术特性，赋予艺术家和艺术品更多的可能性，也赋予艺术品交易市场新的商业逻辑。无论是画作、gif，还是 VR 装置，通过将这些作品与带有收藏和投资潜力的所有权代币联系起来，为加密艺术兴起提供了技术路径的通达性。更多的艺术家、投资者、收藏家和评论家正在进入加密领域，伴随着艺术交易市场的不同主体对 NFT 技术的逐步接纳，NFT 或许将成为未来数字艺术创作的关键性载体。

从 NFT 促进加密艺术快速发展的逻辑来看，NFT 的技术解决了传统艺术、数字艺术许多痛点问题，创作者把数字作品发行了 NFT，这个 NFT 就代表了对这个作品的所有权，本质上是确定了该件数字文件（作品）在数字环境里作为"虚拟物或虚拟资产"的排他唯一性，为数字作品的确权认定提供了有效的技术解决方案，解决了数字艺术品的收藏价值与权属问题。并且，NFT 的发展为艺术家进行

---

1 [ 美 ] 德温·芬泽 .NFT 圣经：关于非同质化代币的所有知识 [EB/OL].https://www.chainnews.com/articles/745492278222.htm.2020-01-10.2021-08-15.

艺术创意提供了观察、思考事物的新角度，越来越多的艺术家开始运用互联网思维构思作品，比如，将作品展览放到互联网上，通过与观者互动，对作品进行再创作并且逐步形成一个作品系列。同时，区块链技术的发展为实现艺术创意提供了新的手段，比如算法生成，其计算结果的随机性、不确定性，为艺术作品赋予各种可能，而无限可能性正是加密艺术创作的魅力所在。站在艺术史的角度来看，作为艺术与科技结合最为紧密的数字艺术，已经创造出了一种新的艺术形式或者风格流派。

## 四、加密艺术未来发展的思考

不妨还是从历史中嗅探未来。在互联网方兴未艾的时代，互联网技术曾经也处在社会鄙视链的底端。今天我们已经看到了，20世纪90年代末和21世纪初互联网从兴起到繁荣，如今已经成为我们日常生活方式不可分割的一部分。特别是放眼今天的世界，在COVID-19的全球大流行中，互联网、移动互联网是我们社交互动的生命线，远程购物、在线办公等，互联网与我们正常生活的结构深深地交织在一起。也正是在疫情肆虐的背景下，传统的艺术品收藏者、富有的投资者愿意花更多的时间在互联网上寻宝，借助区块链发展的风口，艺术品交易市场打响了NFT竞购战。越来越多的画廊开始将传统的艺术品铸造为NFT，越来越多的艺术品交易机构开辟了NFT艺术品交易的新战场，越来越多本不是艺术家的设计师或者爱好者通过NFT探索加密艺术发展的可能性。

但是，加密艺术不是要取代传统艺术。未来相当长的一段时间，加密艺术会与传统艺术共存共荣。一方面，他们相互呼应并影响彼此的思维、方法和输出，在艺术形态上互为补充。加密艺术将持续对传统艺术产生影响。

一是启发创作方式转变。就像前文所述，人们初识加密艺术更多是从技术而非艺术的角度，其实从本质上看，加密艺术与传统艺术都是表现艺术家思想，表达"美"的不同形态。对于传统艺术来说，加密艺术启发艺术家对创作方式进行改变。材料和技术作为传统艺术创作的媒介，是传达艺术家表达观念的重要载体。传统艺术门类也大都依据创作材料来划分，如油画、版画、雕塑等，艺术观念的传递需要依靠这些实体材料。当然，随着观念艺术、行为艺术门类的出现，材料与技术在艺术创作中的分量变得似乎不再那么重。

但是，总体来说，在当代艺术迅速发展之前，艺术观念通常和艺术家的创作内容、创作材料等介质紧密联系在一起。进入加密艺术发展的时期，原生的加密艺术作品其创作介质变成了一行行代码，没有实体物质，脱离了"美术作品""绘画作品"的创作理念，对于想从传统艺术领域跨入加密艺术世界的创作者来说，对于创作方式转变需要有一个接受的过程。此外，人们的审美经验是从传统的绘画、观念艺术、行为艺术等艺术门类作品中长期积累形成的，虽然一部分加密艺术品是以传统的"画作"形式呈现的，但是一部分加密艺术品的表现形式显得比较另类，比如算法随机生成的文字、图形、gif 动画等，传统的审美经验在此处会受到挑战。因此，对于意欲在加密艺术领域获得话语权的传统艺术家，在更新创作方式与理念上提出了新的命题。随着越来越多的艺术家涌入这个新的创作领域，不管是产出更多的原生加密艺术作品，还是促进非原生的传统艺术作品向加密世界靠拢，加密艺术都将会迎来内容与形式的繁荣。

二是增强艺术品交易参与度。NFT 加密艺术市场的繁荣，离不开 NFT 艺术品易于交易和流转的特性。传统艺术品在保存、交易、运输等环节有一定客观条件的门槛和要求，而加密艺术品基于区块链技术可溯源、可验真、可即时转移的特点，加上可以"去中介化"的交易模式，市场参与度、活跃度有了显著提升。目前显而易见的一个现象是，越来越多未曾涉足传统艺术领域的公众参与到加密艺术市场中，打破了传统艺术品交易更多需要专业艺术管理人员参与的壁垒，参与加密艺术交易的人群规模越来越大。着眼于此，未来另一个显而易见的趋势是，参与加密艺术品交易的年龄层将越来越趋于"低龄化""年轻化"。因为许多从事加密艺术投资的人员本身是由接触区块链游戏、金融等行业的"新人类"转化而来。还是以本文前面所提到的 Beeple 的 *Everydays：The First 5 000 Days* 为例。据统计，参与该作品拍卖的人群中，有超过一半的人在 35~40 岁这个年龄区间。这种年龄层次的人员在传统艺术品投资交易领域还称不上主流，但是在加密艺术市场表现出了强大的积极性。这种积极性不只存在于购买端。在创作端，以青少年艺术家 FEWOCiOUS 为例，他在 2020 年一共销售了 3 103 件 NFT 作品，平均价格为 5 812.16 美元。当 Beeple 在佳士得拍出天价时，他的一系列作品在同一个月也卖出了 400 万美元的价值。艺术家的创作嗅觉是灵敏的，区块链技术的发展，给艺术创作带来新的灵感，及早拥抱区块链的艺术家在加密艺术领域找到了一定的存在感，激活了这个新兴市场，市场交易表现出前所未有的活跃。加密艺术市场的繁荣从一个侧面反映了人们对这种艺术形态的接受和认可，反过来，会带动更多的创作者进行加密艺术创作，进入这个新的市场领域，推动加密艺术交易实现良性循环。

三是加速生成艺术发展。在加密艺术出现以前，作为计算机技术和艺术结合的产物，生成艺术（Generative Art）逐渐发展成为一支独立的艺术流派。尤其在 20 世纪 90 年代，在 Murial Cooper 等人的推动下，诞生了数字艺术制作软件 Processing，大大降低了传统艺术家进行数字化创作的硬件与编程技术门槛，计算机生成艺术得到了迅速发展。发展的主要表现为，只是有更多的艺术家在观念上接受其作为一种艺术表现手法，有更多人尝试进入该创作领域。但是从市场层面看，生成艺术并没有太大的反响，生成艺术发展并没有转化为规模化的市场价值。随着近几年区块链技术的发展，这一新技术为生成艺术发展打开了新的通道，以 NFT 为主要载体的加密艺术成为生成艺术的一个重要分支，成为数字时代下区块链和艺术家思想观念相融合而成的新的艺术表达。从 NFT 的市场活跃性，尤其是市场交易量的数据可以在一定程度上反映生成艺术的发展势头。根据权威数据网站 DappRadar 的统计，2021 年 8 月，整个 NFT 市场的交易量突破 5.29 亿美元，单月环比增长 315%，比起 6 月更是增长了 1 103%，这表明基于区块链技术的新生成艺术正在加速兴起。当下主流 NFT 艺术品交易平台，如 Foundation，SuperRare，Art Blocks 等，都为传统艺术家们生成 NFT 艺术品提供了技术路径。换句话说，创作 NFT

艺术品技术上的门槛被大幅度降低，不仅是艺术家，即便是普通用户也可以通过平台完成艺术创作。艺术家们只用提供思想与观念，方法层面的事情由相应的平台负责处理。比如，在 Art Blocks 上，艺术家自主选择一定的风格或者创作方向，平台借由算法随机生成内容，并保证生成艺术品的唯一性。再加上 NFT 赋予作品清晰归属权的特性，作品在链上生成后可以无瑕疵流转，降低了交易成本，释放了交易流量。未来一段时期，加密艺术对传统艺术，尤其是数字生成艺术施加的影响将会是直接而现实的。

除了对传统艺术施加影响，加密艺术自身更广阔的发展空间可能存在于元宇宙。目前，由于区块链技术的发展，一个链上的世界正在悄然形成，只是它与现实世界如何进行深度链接、融合与互动，还没有一个特别清晰的路径。在这样的背景下，原来诞生于科幻小说《雪崩》中的"元宇宙（Metaverse)"概念成为区块链未来发展讨论中炙手可热的名词。加密艺术作为区块链行业风口上的版块，加密艺术的创作者、消费者如何通过身份建构，挖掘加密艺术的互动性、游戏性、资产性，在未来元宇宙的发展中找到属于自己的一席之地，构建架设在数字世界里的艺术世界，这是我要深入思考的一个问题。

为了深入探讨加密艺术未来在元宇宙中的应用，包括呈现的形态、对元宇宙生态的贡献、发展方向，首先要对元宇宙发展形态有一个基本判断。元宇宙自身还没有一个清晰、可靠、成熟的发展模式，目前能够窥见的一个主要应用领域是游戏，比如 Axie Infinity，Roblox，这一类的游戏社区已经初步呈现了目前对于元宇宙合理现象的基本特征，比如虚拟身份、沉浸式体验，架构于游戏模式之上的经济系统，等等。基于此，对元宇宙能够取得一定共识的是，元宇宙至少应具备六个维度：独一无二的虚拟身份，独立于现实世界的社交，完全的沉浸感，多元化的接入形态，独立的经济系统。加密艺术未来在元宇宙落地应用的过程中，其创作、展览、交易等行为都将发生革新。

1. 创作。元宇宙中加密艺术的创作方式将会发生新的变化，主要体现在创作的自主性、互动性、创新性将得到进一步提升。未来作品的生成可能不只是创作者在电脑终端通过生成软件进行创作。在元宇宙的仿真环境中，新技术的应用可以实现创作者的"分身"，在虚拟空间内通过元宇宙内嵌的创作工具进行全感官的即时创作，创作方式的可能性会被进一步打开。在创作理念上，基于元宇宙的艺术创作将会进一步脱离"美术作品""绘画作品"的概念。根据中国人民大学艺术学院郭春宁的观点，区块链技术加持的 NFT 机制提供了一种真正意义上的开源。这种开源其实意味着技术的开源和平台的开源。NFT 加密艺术的交易设定了新的"标准"和"协议"。由此，NFT 加密艺术中的互动参与，其实是一种创造性的过程，不同需求的用户都可以在元宇宙中通过艺术的创造、分享、购买形成原生虚拟世界，并将这种虚拟实境不断扩展。也就是说，元宇宙中的音乐、建筑、符号、装置、行为等都可以成为创作的对象，创作出的成品也将呈现出与现实世界完全不同的特点。

2. 展览。艺术品展览从"线下"到"线上"，再到"链上"，体现的不是作品展现地点在物理空间的转移，其背后暗含的是观赏心理、消费模式、收藏方式的变化。从目前元宇宙几个不太成熟的落地项目来看，Cryptovoxels 是最接近加密艺术在元宇宙中落地的原型。Cryptovoxels 是搭建在以太坊上一个近似于虚拟社区的项目，其用户进入虚拟社区后可以购买虚拟土地，并在土地上搭建自己心仪的构筑物，比如商店、画廊、艺术工作室。从目前运营的情况看，的确有不少艺术家在 Cryptovoxels 上打造自己的画廊，展出NFT 艺术品。有的用户还在其空间内举办小型音乐会。如果采用这种"虚拟空间"的模式，未来加密艺术可以在元宇宙中建立一个完全平行于现实世界的艺术空间，在这个空间内不仅可以创作，还可以对作品进行展览和交流。由元宇宙强大的社交网络作为支撑，理论上元宇宙的每一个用户都可能成为艺术品的观赏者。展览的方式甚至可以一改线下单向观展的模式，艺术家通过其元宇宙的"虚拟分身"可以实时在线互动，与观者开展更深入的交流。加之NFT作品可以变换不同形态，也许有些作品不仅可以"观看"，甚至能够"体验"，这在未来元宇宙的艺术世界中应该可以成为常态。

3. 交易。当前加密艺术品的交易主要通过一级市场（首发官方网站）、二级市场（常见的如 OpenSea，MakersPlace，Rarible，SuperRare 等平台）。这些平台仍然是作为中介化的交易服务商，为买卖加密艺术品提供撮合。但是交易方式的短板在于，由于不同平台的发行费用、销售费用、版税等存在差异，在不同平台制定的对外销售策略会存在差异，这本质上还是中心化的思维。在目前勾画的元宇宙生态中，一方面二手交易平台仍然可能存在，这是市场需求的使然。另一方面，元宇宙将会由各个不同的"子宇宙"构建而成，用户会在不同的"子宇宙"中占有或者使用一定的空间，理论上访问元宇宙的所有用户都可以进入此类空间，这就成为交易产生的空间基础。任何创作者都可以在相应的空间内展示并出售自己的作品，而不再需要通过交易服务平台，任何访问者都可以自由访问空间直接购买。比起当前的交易方式，元宇宙里买卖双方是在一个 3D 的虚拟空间内进行交易活动，交易体验也将发生根本性的革新。并且，元宇宙的经济生态中，所有用户通过元宇宙的虚拟身份参与所有活动，一个账号可以完成所有类型的经济活动，包括交易、抵押、借贷等，完全避开借由平台交易产生的手续费、服务费或者信息不对称等问题，摆脱传统交易主体中相关艺术机构施加的影响。

4. 衍生。作为资产的加密艺术品，在当下加密艺术市场，随着互联网的发展以及对其他行业的辐射与整合，加密艺术品已经转变为财富管理的工具，兼顾了保值增值、资产质押、金融工具等功能。元宇宙的建立将带来丰富的数字场景与数字资产，将为数字资产的产生、确权、定价、流转、溯源等环节提供底层支持，加密艺术的资产属性将会得到进一步强化。反过来加密艺术资产将进一步促进元宇宙由实到虚、由虚到实的相互映射，加速元宇宙经济系统落地。当前加密艺术在经济活动方面的一个主要应用是 NFT+DeFi，尚处于萌芽阶段，作为金融工具的属性还不强，金融衍生品开发规模还比较小。未来，随着元宇宙经济生态的成熟，加密艺术资产的所有者可以将账户中闲置的资产利用起来，在元宇宙自由交易的场景下，将加密艺术资产作为可互换代币贷款的抵押品，也可以出借给元宇宙的其他用户。未来元宇宙围绕加密艺术的抵押、借贷、信托、基金、保险、指数等产品形态将会随着技术的迭代与元宇宙实际场景需求逐步完善，诞生更多的数字资产形态，衍生出更多元宇宙金融产品。

此外，元宇宙概念下的社交产品更加注重虚拟身份及社交关系的搭建，个性化的形象设定、社交媒介、社交场景都是加密艺术可以切入的领域。在元宇宙游戏应用中，游戏中的装备等也将逐步加密资产化，加密化的游戏资产如何与加密艺术资产打通互换，都是未来元宇宙构建过程中面临的课题。

今天我们已经拥抱了加密艺术，我们已经置身于区块链技术飞速发展的洪流，在未来区块链与互联网相互融合的趋势下，《雪崩》（*Snow Crash*）中的场景将逐渐清晰可见、真实可及。《雪崩》中创造的与现实社会紧密联系的三维数字空间——虚拟实境（Metaverse）将成为 NFT 以及加密艺术持续发展的生态空间，在现实世界中地理位置彼此隔绝的人们将通过各自的"化身"进行交流娱乐。[1] 在探索元宇宙的世界中，加密艺术将会扮演更加重要的角色，

---

1　[ 美 ] 电气和电子工程师学会．"IEEE VW 标准工作组的网络档案"[R] 原始存档于 2014-06-08.2021-08-15 检索．

加密艺术品不仅是现实资产的映射，更是区块链世界里原生的虚拟资产，甚至将跨越资产的属性，成为一种新的媒介和象征。

相信随着时间的推移，加密艺术会迎来一个新时代。我希冀的加密艺术世界，通过加密技术的迭代，将会为艺术创造者打开更大的创作空间，来自不同领域的收藏家和艺术家之间更加紧密的协同合作、方式更加多元，将使加密艺术品增加真正的价值成为可能。同时，加密艺术创作者、品牌、收藏家和人们之间最终将会产生更广泛和更紧密的联系，借由NFT的发展将继续打破艺术与我们日常生活方式的边界，并在某种程度上，人们将会以一种前所未有的方式参与到区块链生态中。

"自从计算机和通信基础设施诞生以来，这些技术与设施就一直为艺术家所用。他们有意识地与他们的平台或作品建立特定的社会关系。当艺术家接触新技术时，你会发现艺术家们通过建立某种联系来探索人类多样化兴趣和体验的潜力，尽管这种联系既不一定是功利的也不一定是有利可图的。艺术家们发现其工具、设备、系统和文化在表达和交流中的潜力，他们使困难的概念更容易理解，更具有可读性，更能引人入胜。他们有一套方法和一系列过程，用于揭示主题、媒体或技术的使用可供性。对于不了解的事物，就是与它的可能性合作，把它的样子具体化，让其他人用自己的不同部分来接近和感知它。"[1]《艺术家回复：思考区块链》一书中的这段话或许能够启发我们如何看待加密艺术的未来，即：打开我们的想象力，接受加密技术的各种可能性，让各种可能性在我们绘画、音乐、动画等各种艺术形态上落地生根，让人们自己去感知、去拥抱、去沉浸其中，也许未来就是现在。

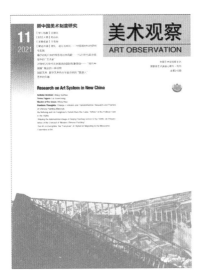

《美术观察》2021 年第 11 期封面

---

1  [英]Ruth Catlow,Marc Garrett, 艺术家回复：思考区块链 [M]. 利物浦大学出版社 .2018-03-01.

# 杨嘎：徐冰天书的区块链基因

"徐冰天书号"主图

没有飞过"卡门线"。

在目之可及的天际，箭体玩了一把黑色幽默。掉转，裂解，轨迹似 Keith Haring 手中奔放的线条。残骸以近重力加速度与空气剧烈摩擦，砸向西北粗粝的地表。在呈满错愕的瞳孔中，"天书号"的物理生命终结在大小深浅不一的"陨石坑"。

这本是一次奔向太空的艺术试验。

理想的剧情应该是，运载火箭一、二、三子级箭体布着艺术家徐冰创作的"天书"字体涂装，四子级载荷舱内搭载着篆刻"天书"字体的金属魔方，随着火箭四子级进入太空，绕地球飞行，再次穿越大气层，回归地表，完成以无差别认知的"文字"向太空的发问与对话。

只是谁都不会想到，科学家导演的这件技术作品的失败，为艺术家思想力的成功引流找到了新的出口。

天　问

"遂古之初，谁传道之？"

屈原《天问》开篇就向苍穹发出了直击灵魂的一问。开天辟地之前，是谁将远古的初貌敷演流传下来。是文字？是语言？还是其他？屈原用诗歌这一朴素的表达，抛出了对天地玄黄、宇宙万物"从哪里来，到哪里去"这一永恒哲学命题的思考。

但是随着文字已成为构筑我们中国文化、思维方式，甚至行为模式最基本的元素，我们的思想被文字浸润、绑架，不再主动思考"传道"的问题，可能还会天然地认为

如影艺术

艺术家徐冰
图片来自徐冰工作室

文字自始至终应该"传道"，甚至"解惑"。

当代艺术家徐冰始终保持对文字工具化、语言功利化的警觉，对于文字在联结人与世界关系中的意义，始终保持独立思考。其先后创作了"天书""英文方块字"和"地书"，从剥离文字表形的外壳思考文字本质，到以汉字形象呈现英文字词发掘中西文化碰撞的有趣，再到以纯符号行文表意探讨无障碍交流的可能。不同的创作意图，似乎都在探究文字为谁载"道"、何以载"道"。

当疫情阴霾笼罩我们生存的这颗蓝色星球，危机缘何而起？人类何去何从？脚踏地球似乎求解不能。新问题触发了艺术家徐冰向外太空发问的欲望和动能。可能是因为"天书"在现实世界中的"普不适性"，也可能是期待"天书"

在外太空能发生奇妙的场域反应。徐冰先生燃起了对"天书"进行"再创作"的兴趣与思考。2021年，"徐冰天书号"腾空，成为徐冰先生向太空艺术发起探索的先锋骑手。

这一略显前卫的创作尝试出自艺术家徐冰之手并不让人感到意外。在徐冰先生的艺术世界里，没有"不可能"。他不断试探创作方法的边界，丰满自己的艺术创作体系，综论其对社会现场的反思性，对艺术疆域延展的前瞻性，对创作方法与手段的包容性，当代艺术家无一出其右。只是这一次，一不小心，太空成为他另一个信马由缰之地。

这枚艺术火箭搭载的不只是"天书"作品，更重要的是搭载了徐冰先生的太空艺术梦。这个梦是对太空科技与当代艺术碰撞所激发表现力的希冀，是对当代艺术作品从地球到太空迂回过程中表现力的探索。虽然创作的过程发

"天书魔方"在酒泉
来源：徐冰工作室

生于太空，但是创作主体依然是地球上活生生的人，探究的依然是人类自身的问题。这不是为了割裂现实逃离现实为了太空艺术而"艺术"的创作，不是否定人类与世界存在意义的虚无主义创作。相反，千百年来，多少艺术家对现实问题百思不得其解之后，都不由自主的将触角延伸到天之外的那个时空。

从2 000多年前的屈原到今天，人类一直没有停下问天的脚步。艺术家从某种程度上讲也可以被看作为哲学家，他们只不过通过艺术语言表达对宇宙万物本质的终极思考。艺术家对人类个体与宇宙关系的思考，对太空艺术题材与表现形式的探索从未止步。翻开我们的历史，关于盘古开天、嫦娥奔月的神话创作表达了东方文化对天地之外未知的渴望与想象。打开西方艺术史，德国画家Peter Paul Rubens的代表作《银河的起源》反映了西方艺术家对宇宙起源和人类进化关系的思考。

仰天地之伟光，把心放逐到天地万物之外，保持探索未知世界的好奇心，是人类心底共通的原始驱动。只是在科技还不发达的年代，艺术家对太空艺术的表达仅依赖于天马行空的想象。自从1609年伽利略发明的望远镜结束了人类用肉眼观星的历史，包括文学、绘画、音乐、电影等各种艺术门类纷纷将创作对准了外太空。

最早崭露头角的是太空美术。我们现在把法国天文插画家 Lucian Rudaux 称作"现代太空美术之父"，其实更早的美国设计师、插画家 Chesley Bonestell 的《"土星世界"组画》，甚至启发了美国太空计划，也揭开了现代太空美术的序幕。当然，太空美术只是所谓太空艺术的冰山一角。后来我们熟知的经典科幻小说 *Ender's Game*，经典科幻电影 *Star Wars*，都是不同艺术领域触碰太空题材的经典佳作。借助科技进步，艺术家倾注各自不同的生命体验、思想认识和情感表达，通过自己拿手的艺术创作形式，向太空发出自己的问号。

但严格意义上讲，太空艺术，不应单指把太空环境作为创作题材，使用绘画、摄影、摄像等创作方式，来描绘抽象的太空世界，或者虚构太空故事，又或者表现宇宙空间真实的天体星云风貌。真正的太空艺术，应当属于一种特别的创作领域，即只能在太空中进行的艺术创作，或者说非借由太空空间、实际使用太空元素创作不可，才能达到特定艺术效果的一种艺术创作。

1965 年苏联宇航员 Alexei Leonov 执行 Voskhod 2 号任务时，在飞船中用铅笔画出了他通过太空服头盔和飞船舷窗看到的外太空景象，成为第一个在外太空进行艺术创作的人。与当代艺术有关的，美国宇航局联合艺术家 Mik

Petter，利用木星探测器"朱诺号"拍摄的木星照"大红斑云层"，经过多层艺术渲染创作出了分形艺术作品。法国宇航员 Thomas Pesquet，受艺术家 Eduardo Kac 的启发，在国际空间站用两张纸和一把剪刀创作了一件外观类似望远镜的所谓"装置艺术品""Inner Telescope"。类似这样的创作，我们且不从艺术表现力的角度作出评价，仅是将创作的欲望与动力发散于太空这件事已经是功德无量。由此可以启发人们的是，人类对于太空的探索原来可以不止于科技，还可以发端于艺术。

## 割　裂

"科学与艺术，两者在山麓分手，终在山顶重逢"，福楼拜把科学和艺术殊途同归的道理讲得如此动人。在我看来，科学与艺术的共同基础是人类的创造力，虽然他们通过各自不同的语言去揭示、搅动，甚至颠覆世界固有的面目，但是追求的目标都是真理的普遍性，抵达的都是世界的本性。伴随科技的进化，艺术通达真理的力量被不断释放。在徐冰先生看来，科学家们忙于对世界运行规律与秩序的整理与排序，艺术家们从另一个维度去忙着打乱这种排序，只有在排序松动的情况下才能留下创造的缝隙。触电航天科技，撬开了徐冰先生进行艺术创作的一个新缝隙，在其艺术实践的版图上补上了新的拼图。

但是，故事远没有结束。一场拥抱区块链更有趣的试验正在路上，一块拥抱 NFT 的全新拼图呼之欲出。

平　等

躺在"天书号"砸出来的巨大"陨石坑"周围，还有数千片金属"天书"。

奔赴太空未竟，它们究竟能以什么样的方式延续自己的生命？生长在一个什么样的平行时空中？

达明安·赫斯特关于 NFT 的艺术社会实验项目"The Currency"似乎为问题答案描出了一点儿眉目。2021 年，达明安·赫斯特将他创作的 10 000 张波点画交给计算机，由算法生成了 10 000 个 NFT。作品的编号、名字，乃至色彩、质感等信息都被纳入 NFT 元数据，储存在区块链中，独一无二，不可改动。达明安·赫斯特通过赋予收藏者销毁 NFT 对应实体画的权利，宣示其对区块链世界的信仰。他由衷地相信，这个由区块和二进制数字构筑的世界，能给予他的作品以新生和永恒。

能让艺术家拥抱区块链的，不只是因为区块链代表了全新的互联网技术，激发了艺术家的创作灵感，甚至提供了新方法论的可能。更重要的是，区块链诞生于技术却超越了技术，代表了更为先进的"共识"精神。艺术家对新问题、新思想、新精神的表达往往更加敏感，通常更容易被激发创作的原动力。我们常常把"去中心化"看作是区块链的本质，倒不如将其看作是诞生的原教旨。因为有去中心化原教旨主义的指引，它能做到"全民记账"，价值表示唯一，不可篡改，公开透明，体现了前所未有的"共识"。正是基于对生发于这个体系中生产力与价值的共识，这个庞大的系统实现了自我进化。它其实反映的是人类及其文明在底层上共通的需求。所以，区块链的本质应是平等。

平等。这简直与"天书"的某部分创作理念不谋而合。

站在"天书"面前，你或他，男或女，东方人或西方人，有学识没学识，除了对艺术品的感受千差万别外，在文字认知层面没有什么不同。披着熟悉的汉字造型外衣，却一字不懂。你所认为的文字突然在你面前失去了传达语义信息的作用。剥离了工具性的"天书"，阻挡了站在他面前所有人的思考，却诱发了新的思考。究竟文字存在的本质意义是什么？我们习以为常的文字工具是否已成为我们平等交流的桎梏？人类在用不同文字构筑的文化藩篱中还要喘息多久？社会学家伯格曼有一个著名的"装置范式理论"，人们善于渐渐的把对世界的理解改造成一种装置，久而久之，这种装置成为人们所依赖的根本生活方式，甚至不被察觉。伯格曼想要提醒的是现代技术的侵入和浸润对人类思想自由解放造成的危机。我们可以想见，文字作为我们习以为常交流思想的工具，早已成为一种古老的"范式"，它的背后应该是有血有肉的生活、思想和感情。但我们太过习惯，沉浸其中，忘乎所以。徐冰先生认为，工具、现代用品这些文明成果，在延伸着人类生理的速度、力量、控制等能力的同时也损害着这些能力。我们可能都没有意识到，工具化的文字也在削弱着人的思考本领，或许只有在文字"失灵"，面对"天书"时，我们才会恍然大悟，停下来凝视自己，以及与周围世界的联系。

徐冰先生希望能够通过自己的作品，抵达人类生活中本真朴素的问题，为人们转换角度思考与体验找到新的出口。即便背景迥异的文化交流，人类底层精神世界的相融，无论你熟稔汉字还是楔形文字，在解开文字工具的枷锁后，你们将站在美索不达米亚平原的同一个坐标自由地眺望底格里斯河。

只看到了平等显然还不足以让我们拥抱新问题、新技术。卢梭在《社会契约论》里的一个重要观点是，只有和自由结合在一起的平等才是可贵的平等。在区块链共识机制的约束下，人们在点对点传输上实现了匿名化，这是交流的自由。分布式记账使人们摆脱了中心化交易监管的束缚，在价值交换过程中不再臣服于任何一个层级，这是交换的自由。被释放的自由打破的是什么？是前区块链世界由一个或若干个主体担当秩序维护者造成的不公平，是被少数派掌握规则和秩序的机器裹挟运转而无法参与治理的不平等。在托克维尔《论美国的民主》中描绘了一个类"去中心化"的美国，其核心思想就是平等主义的自治。区块链的世界亦然，它依靠共识的自由进化出高度自治的文明。

你能想象和马达加斯加的一位波普艺术发烧友无障碍的交易安迪·沃霍尔的《玛丽莲·梦露双联画》吗？即便你交易到手了，你确定拿到的是交易安迪·沃霍尔的真品"太子"，不是狸猫吗？即便你确定获得了真迹，但你能确保它可以被藏起来永不失窃吗？

答案一定是否，除非你遇到加密艺术。

2021 年艺术家 Beeple 的 NFT 作品 *Everydays：The First 5 000 Days* 在佳士得拍出了 6 928 万美元，这是国际顶级拍卖行第一次拍卖加密艺术作品，不仅在艺术界砸出了一大圈涟漪，也让 NFT 艺术品走进了大众视野。

它让艺术品循链传输，相较于传统艺术品交易，你只需要一个数字钱包，转移几乎零门槛，买卖双方交易平等；它赋予艺术品唯一的编码，不可复制、不可篡改，真品溯源零成本，艺术家与藏家信任平等；它将艺术品铸造在链上，所有节点可证，观者平等。

因此，区块链与艺术，NFT 与"天书"，天作之合。

在过去相当长的一段时间里，现实世界的"天书"已经在不同地域、不同种族、不同年龄人们的内心触碰和触动。我们可以想象，这几千块即将铸造在区块链上的"天书"文字，经过 NFT 化的新创作，生命将在另一个维度得到延展和传递，换一种方式，在新的世界里继续予人思想以新的"搅动"。

## 解　构

每一个"天书"都闻得见汉字的"味儿"。

徐冰先生凭借艺术家特有的敏感和天赋，对汉字进行了富有创造力的解构。偏旁部首被拆解，以貌似汉字的结构组合逻辑拼装在了一起，重构了全新的"伪汉字"。封装成册的书，就连册序、书名、页码、眉批等细节都与"真"的汉字书别无二致。

徐冰先生所做的解构，是把汉字构成的固有规则，以及人们对汉字的固有印象，打破分解，然后再进行重建的行为和方法论。

谈到艺术家所做的解构，不得不提到马赛尔·杜尚。他签上了自己名字的小便器，成为摆进展馆的艺术作品

加密艺术

《天书》首页刻版，1987 年，北京，徐冰
来源：徐冰工作室

《泉》。他将一件普通物品的功能性、符号性解构，彻底打破了主流艺术的法则与定义，对艺术观念进行了重构，彻底把美从表现形式的桎梏中解脱出来，从此打开了观念艺术创作的新的大门。

再回头看徐冰先生的"天书"。艺术家在创作中进行的解构与重构所传达的同一种精神，即"大象无形"。

区块链解构的是什么？我认为是我们习以为常的世界处心积虑搭建起来的严密信任体系。在"中心化"的现实世界里，我们的生活被一只"看得见的手"和一只"看不见的手"操控着，出于主动或被动的信任，我们被这个不停歇运转的巨大机器裹挟着，出借着自己的时间、感情、金钱和精力。

但你有没有想过，这所谓的信任底下埋藏着一个巨大的鸿沟，我们所依赖的信任是建立在绝对不平等之上。虽然现代人拥有了一套完整的经济交易体系、法律法规体系、信用管理体系，还有相对完备的制衡机制、补救措施。但是我们的数据、信息被政府、企业、第三方无形的获取并加以利用。我们的行为习惯、消费模式、喜怒哀乐被记录在看不见的云端，被随意的读取分析。我们交出了信任，却被收割了自由。

还好区块链让我们看到了重建信任体系的可能。区块链技术消除了信任中介存在的必要性，为从根本上解构现代社会信任体系提供了全新路径。它采用加密的方式重建了一个去中心化的系统。在区块链世界中，我们不再依附于某一个主体，"我是谁""你是谁"变得不再那么重要，因为所有的行为都被系统记录在案，区块链让人与人之间的信任变得容易，秩序的重建因信任成本的降低变得清晰可能。

按照经济学家朱嘉明的观点，区块链也许将成为重构世界秩序的新基础结构。从理论和技术层面上，如果全体社会都将可编程作为社会秩序运转的基础，社会成员个体将拥有数字身份，个体与个体基于技术支持建立新型信任体系。区块链作为"信任机器"的驱动力将推动重构产业链、价值链，形成新型经济与文明体系。可以设想，在区块链技术框架下，世界游戏规则将调整为"正和博弈"，而非"零和博弈"。

我们不期待加密艺术承载这么宏大的命题，让艺术回归艺术。但我们有理由期待，对成为加密艺术品的"天书"，将会再一次释放创作自由，推动当代加密艺术世界重构。像1917年的杜尚那样，打破现在已经或即将成为定势的创作模式，对现有加密艺术创作思维进行解构，将人、天书、时间、空间、地点等元素拆解，带着我们对现实社会种种问题的思考，重新构建加密艺术品新的样貌。

每到这样的时刻，人总喜欢追问事情的意义是什么？毕竟，好奇心推动着人类的进步。

天书的创作，加密天书的创作，都源自艺术家对世界好奇的驱使。徐冰先生一直讲，他创作天书无非就是不断重复着别人认为无意义的事情。对文字解构、重构，久而久之，耕耘的复数成为艺术。加密艺术的世界应当如是，挖掘，不断的挖掘，重复的挖掘，区块越积越高，链越积越长，久而久之，搭积了一个奇妙的数字艺术世界。

我们庆幸当代艺术届有徐冰先生这样如西西弗斯式的信徒，日复一日重复着"无意义"的劳动，始终保持创作的热情与清醒，不断朝着求解的山顶攀登。

"徐冰天书号"NFT作品截图
来源：徐冰工作室

终究，加密天书的创作，会像区块链世界中不断掘进的矿工一样，随着一镐一镐的掘进，创作的意义会随着渐渐显露的天书，层层毕现。

## "徐冰天书号"的缘起

"徐冰天书号"正片谢幕了。陨落的"天书号"今生还在延续，创作还在继续。只是繁花落幕的背后很少有人会去关注它的前幕。故事的前传中，除了我们熟知的艺术家徐冰先生，还有另一个主人公，叫于文德。

我们无法用一个简单的标签去形容这位可爱的于文德先生。他是一个带着点"童心"的航天科技迷，还是一位资深的太空艺术发烧友，也可以说是追求航天艺术梦近乎极致的"当代万户"。从他创立的"万户创世"公司名字可

加密艺术

"天书号"酒泉发射现场徐冰与于文德
来源：徐冰工作室

以看出，他对 600 多年前中国自制"火箭"飞天的"世界航天第一人"万户怀有多么深厚的敬意，这种敬意催生其对太空艺术梦的执着追逐。

他在航天科技、航天艺术领域深耕十多年，对于航天科技和当代艺术的融合具有独到的眼光和见解。他醉心收藏各种系列火箭废弃材料，与艺术家联合打造航天艺术品。但是这还不过瘾，他一直梦想要"搞一票大的"，比如打造一枚以艺术家和艺术作品命名的火箭，把它送入太空。

要塑造一件具有划时代意义的太空艺术作品不是一件容易的事，他认为必须是顶级 IP 强强联手，只有顶级艺术家亲自操刀，才能与尖端科技的代表航天技术，共同成就太空艺术梦。于文德先生恰如当年一心冲上云霄，抱着功成不必在我奇志的万户，带着如电影 *Mission Impossible* 里阿汤哥接受的不可能的任务，找到了中国当代艺术家中的翘楚徐冰先生，用纯粹的理想、执着的信念、震撼的技术，打动了徐冰先生，实现了跨界联手。后面的故事我们都已经了解了，在于文德先生的统筹策划下，"徐冰天书号"从一个只存于梦里的前世跨越到了今生。

杨　嘎

辛丑年　立秋

# Bitcoin:
# A Peer-to-Peer Electronic Cash System

Abstract

A purely peer-to-peer version of electronic cash would allow onlinepayments to be sent directly from one party to another without going through afinancial institution. Digital signatures provide part of the solution, but the mainbenefits are lost if a trusted third party is still required to prevent double-spending.We propose a solution to the double-spending problem using a peer-to-peer network.The network timestamps transactions by hashing them into an ongoing chain ofhash-based proof-of-work, forming a record that cannot be changed without redoing the proof-of-work. The longest chain not only serves as proof of the sequence of events witnessed, but proof that it came from the largest pool of CPU power. As long as a majority of CPU power is controlled by nodes that are not cooperating to attack the network, they'll generate the longest chain and outpace attackers. The network itself requires minimal structure. Messages are broadcast on a best effort basis, and nodes can leave and rejoin the network at will, accepting the longest proof-of-work chain as proof of what happened while they were gone.

## Introduction

Commerce on the Internet has come to rely almost exclusively on financial institutions serving as trusted third parties to process electronic payments. While the system works well enough for most transactions, it still suffers from the inherent weaknesses of the trust based model. Completely non-reversible transactions are not really possible, since financial institutions cannot avoid mediating disputes. The cost of mediation increases transaction costs, limiting the minimum practical transaction size and cutting off the possibility for small casual transactions, and there is a broader cost in the loss of ability to make non-reversible payments for onreversible services. With the possibility of reversal, the need for trust spreads. Merchants must be wary of their customers, hassling them for more information than they would otherwise need. A certain percentage of fraud is accepted as unavoidable. These costs and payment uncertainties can be avoided in person by using physical currency, but no mechanism exists to make payments over a communications channel without a trusted party.

What is needed is an electronic payment system based on cryptographic proof instead of trust, allowing any two willing parties to transact directly with each other without the need for a trusted third party. Transactions that are computationally impractical to reverse would protect sellers from fraud, and routine escrow mechanisms could easily be implemented to protect buyers. In this paper, we propose a solution to the double-spending problem using a peer-to-peer distributed timestamp server to generate computational proof of the chronological order of transactions. The system is secure as long as honest nodes collectively control more CPU power than any cooperating group of attacker nodes.[1]

---

1  [ 美 ]Satoshi Nakamoto.Bitcoin:A Peer-to-Peer Electronic Cash System. [R/OL].https://bitcoin.org/en/bitcoin-paper.2008-10-31.2021-09-01.

## Ethereum

The intent of Ethereum is to create an alternative protocol for building decentralized applications, providing a different set of tradeoffs that we believe will be very useful for a large class of decentralized applications, with particular emphasis on situations where rapid development time, security for small and rarely used applications, and the ability of different applications to very efficiently interact, are important. Ethereum does this by building what is essentially the ultimate abstract foundational layer: a blockchain with a built-in Turing-complete programming language, allowing anyone to write smart contracts and decentralized applications where they can create their own arbitrary rules for ownership, transaction formats and state transition functions. A bare-bones version of Namecoin can be written in two lines of code, and other protocols like currencies and reputation systems can be built in under twenty. Smart contracts, cryptographic "boxes" that contain value and only unlock it if certain conditions are met, can also be built on top of the platform, with vastly more power than that offered by Bitcoin scripting because of the added powers of Turing-completeness, value-awareness, blockchain-awareness and state.

# Ethereum

The intent of Ethereum is to create an alternative protocol for building decentralized applications, providing a different set of tradeoffs that we believe will be very useful for a large class of decentralized applications, with particular emphasis on situations where rapid development time, security for small and rarely used applications, and the ability of different applications to very efficiently interact, are important. Ethereum does this by building what is essentially the ultimate abstract foundational layer: a blockchain with a built-in Turing-complete programming language, allowing anyone to write smart contracts and decentralized applications where they can create their own arbitrary rules for ownership, transaction formats and state transition functions. A bare-bones version of Namecoin can be written in two lines of code, and other protocols like currencies and reputation systems can be built in under twenty. Smart contracts, cryptographic "boxes" that contain value and only unlock it if certain conditions are met, can also be built on top of the platform, with vastly more power than that offered by Bitcoin scripting because of the added powers of Turing-completeness, value-awareness, blockchain-awareness and state.

## Philosophy

The design behind Ethereum is intended to follow the following principles:

1.Simplicity: the Ethereum protocol should be as simple as possible, even at the cost of some data storage or time inefficiency.fn. 3 An average programmer should ideally be able to follow and implement the entire specification,fn. 4 so as to fully realize the unprecedented democratizing potential that cryptocurrency brings and further the vision of Ethereum as a protocol that is open to all. Any optimization which adds complexity should not be included unless that optimization provides very substantial benefit.

2.Universality: a fundamental part of Ethereum's design philosophy is that Ethereum does not have "features". fn. 5 Instead, Ethereum provides an internal Turing-complete scripting language, which a programmer can use to construct any smart contract or transaction type that can be mathematically defined. Want to invent your own financial derivative? With Ethereum, you can. Want to make your own currency? Set it up as an Ethereum contract. Want to set up a full-scale Daemon or Skynet? You may need to have a few thousand interlocking contracts, and be sure to feed them generously, to do that, but nothing is stopping you with Ethereum at your fingertips.

3.Modularity: the parts of the Ethereum protocol should be designed to be as modular and separable as possible. Over the course of development, our goal is to create a program where if one was to make a small protocol modification in one place, the application stack would continue to function without any further modification. Innovations such as Ethash ( see the Yellow Paper Appendix or wiki article ) , modified Patricia trees ( Yellow Paper, wiki ) and RLP ( YP, wiki ) should be, and are, implemented as separate, feature-complete libraries. This is so that even though they are used in Ethereum, even if Ethereum does not require certain features, such features are still usable in other protocols as well. Ethereum development should be maximally done so as to benefit the entire cryptocurrency ecosystem, not just itself.

4.Agility: details of the Ethereum protocol are not set in stone. Although we will be extremely judicious about making modifications to high-level constructs, for instance with the sharding roadmap, abstracting execution, with only data availability enshrined in consensus. Computational tests later on in the development process may lead us to discover that certain modifications, e.g. to the protocol architecture or to the Ethereum Virtual Machine ( EVM ) , will substantially improve scalability or security. If any such opportunities are found, we will exploit them.

5.Non-discrimination and non-censorship: the protocol should not attempt to actively restrict or prevent specific categories of usage. All regulatory mechanisms in the protocol should be designed to directly regulate the harm and not attempt to oppose specific undesirable applications. A programmer can even run an infinite loop script on top of Ethereum for as long as they are willing to keep paying the per-computational-step transaction fee.[1]

1  [ 美 ]Vitalik Buterin.Ethereum Whitepaper.[R/OL].https://ethereum. org/en/whitepaper/.2021-06-28.2021-09-01.